敞开式循环冷却水系统

（工业建筑·民用建筑）

气象参数整理暨选用

（第二版）

王烽华　编著

U0250263

中国建筑工业出版社

图书在版编目（CIP）数据

敞开式循环冷却水系统（工业建筑·民用建筑）气象
参数整理暨选用 / 王烽华编著. -- 2 版. -- 北京：中
国建筑工业出版社，2024. 12. -- ISBN 978-7-112
-30657-2

Ⅰ. TU831.3

中国国家版本馆 CIP 数据核字第 20251UG567 号

敞开式循环冷却水系统
（工业建筑·民用建筑）

气象参数整理暨选用
（第二版）

王烽华　编著

*

中国建筑工业出版社出版、发行（北京海淀三里河路 9 号）

各地新华书店、建筑书店经销

北京红光制版公司制版

建工社（河北）印刷有限公司印刷

*

开本：880 毫米×1230 毫米　1/32　印张：5½　字数：157 千字
2025 年 1 月第二版　　2025 年 1 月第一次印刷
定价：30.00 元
ISBN 978-7-112-30657-2
（43861）

本书共四部分，即冷却构筑物和冷却塔，既往书籍或给水排水设计手册关于气象参数的采用、统计方法与资料年限，敞开式循环冷却水系统气象参数整理，以及冷却塔热力计算方法。主要介绍了工业建筑循环冷却水气象参数和民用建筑空调制冷机组循环冷却水气象参数整理方法。给读者提供一个便于操作的气象资料整理方法。

　　本书可供暖通空调及给水排水专业设计人员参考。

＊　＊　＊

责任编辑：于　莉　武　洲
责任校对：芦欣甜

编 写 说 明

1992 年出版发行的《建筑给水排水设计手册》绪论中指出，我国建筑给水排水行业自新中国成立以来大致经历了以下三个发展阶段：

一、房屋卫生技术设备（简称房卫）阶段。即 1949 年至 1964 年《室内给水排水和热水供应设计规范》被批准为全国通用的部颁试行标准。

二、室内给水排水和热水供应（简称室内给水排水）阶段。即 1964 年至 1986 年《建筑给水排水设计规范》审查通过为国家标准。

三、建筑给水排水阶段。即 1986 年以后。

新中国成立以来，自 1965 年《给水排水设计手册》第一册《材料设备》内部印行，相继以五个版本出版发行相关给水排水设计手册：

（一）原建筑工程部图书编辑部于 1968 年出版发行《给水排水设计手册》：第一册《材料设备》、第二册《工业企业水处理》、第三册《室内给水排水及热水供应》、第四册《室外给水排水》。

（二）中国建筑工业出版社于 1973 年出版发行《给水排水设计手册》：1《常用资料》、2《管渠水力计算表》、3《室内给水排水与热水供应》、4《室外给水》、5《水质处理与循环水冷却》、6《室外排水与工业废水处理》、7《排洪与渣料水力输送》、8《材料设备》。

（三）中国建筑工业出版社于 1986 年出版发行《给水排水设计手册》：第 1 册《常用资料》、第 2 册《室内给水排水》、第 3 册《城市给水》、第 4 册《工业给水处理》、第 5 册《城市排水》、第 6 册《工业排水》、第 7 册《城市防洪》、第 8 册《电气与自控》、第 9 册《专用机械》、第 10 册《器材与装置》、第 11 册《常用设备》。

（四）中国建筑工业出版社于 1992 年出版发行《建筑给水排水

设计手册》。

（五）中国建筑工业出版社于 2008 年出版发行《建筑给水排水设计手册》（第二版）上、下册。

由此可见：建筑给水排水发展的第一阶段，设计规范虽有部颁试行标准，但无设计手册；而第二阶段（即室内给水排水阶段），设计规范不仅有国家标准，设计手册亦不例外取得长足进展，分别于 1968 年、1973 年、1986 年推出三个版本；到第三个发展阶段即建筑给水排水阶段，设计规范日益完善，设计手册已有两个版本。自 1992 年颇受业内称赞的"白皮手册"发行至今，建筑给水排水技术得到蓬勃发展，新技术层出不穷。2008 年出版发行的《建筑给水排水设计手册》（第二版）上、下册更胜一筹。

长期以来，循环水的冷却与处理随着给水排水技术的发展，也在不断进步和更新。1973 年《给水排水设计手册》第二版（5 水质处理与循环水冷却）中以冷却构筑物分类、冷却构筑物计算及冷却构筑物的选择与布置等三个章节介绍冷却构筑物。与此同时 20 世纪 70 年代初上海、洛阳等地已经研制并生产玻璃钢冷却塔。1986年《给水排水设计手册》第三版（第 4 册 工业给水处理）中提到了循环冷却水处理，并对冷却塔塔型和相关淋水装置给予详尽论述。1992 年《建筑给水排水设计手册》第一版（即白皮手册）不仅专章就循环水冷却进行了论述，而且在常用设备一章中以相当篇幅推出"玻璃钢冷却塔"。2008 年《建筑给水排水设计手册》第二版本，其中下册不光详尽介绍"玻璃钢冷却塔"，还就循环水处理设备给予详解。

本书的依据：①《建筑给水排水设计规范》GB 50015—2003中 3.10.2 冷却塔设计计算所选用的空气干球温度和湿球温度，应与所服务的空调等系统的设计空气干球温度和湿球温度相吻合。②《国家建筑标准设计图库》GBTK2006（2009 版）与《给水排水标准图集》〈给水设备安装〉〈冷水部分〉（2004 年合订本）中：〈中小型冷却塔选用及安装〉02S106→适用范围为民用建筑空调制冷机组循环冷却水系统，工业循环冷却水系统经计算复核可参照选用。于是笔者主要围绕工业建筑循环冷却水气象参数和民用建筑空调制冷机组循环冷却水气象参数整理方法进行编著。同时根据既往书籍或给水排水设计手册"全国主要城市室外气象参数"分析、整理，列出平均每年超过下列天数的温度统计表供工业建筑类选用。通过择录《中国建筑热环境分析专用气象数据集》有关地面气候资料，同时汇总 2001 年《采暖通风与空气调节设计规范》、1992 年《建筑施工手册（缩印本）》、1986 年《给水排水设计手册（第 1 册 常用资料）》以及 1973 年《给水排水设计手册（1 常用资料）》等相关资料，归纳整理为《采暖通风与空气调节设计规范》"附录二 室外气象参数"保留列表、1986 年《给水排水设计手册（第 1 册 常用资料）》补充列表、设计用建筑类地面气候资料（室外气象参数）统计表供民用建筑类选用。

工业建筑类：按既往方案即通常采用的干球和湿球温度频率统计法和规范方案即湿球温度频率曲线法两个方案，地面气候资料时段为 10 年（1970～1979 年），分别对河北省石家庄市夏季室外大气压力、相对湿度、干湿球温度进行整理。

民用建筑类：按现行《建筑给水排水设计规范》要求的"冷却塔设计计算所选用的空气干球温度和湿球温度，应与所服务的空调等系统的设计空气干球温度和湿球温度相吻合"，地面气候资料时段除上海市为 13 年（1991～2003 年）外，其他地区均为 33 年（1971～2003 年），分别对北京市、沈阳、上海市、广州、重庆市沙坪坝等基本气象站，西安基准气候站的夏季室外大气压力，夏季通风室外计算相对湿度，夏季空气调节室外计算干、湿球温度进行整理。

通过实例进行整理的目的是：给读者提供一个便于操作的气象资料整理方法。

概述部分重点介绍冷却构筑物和冷却塔，以便读者有一个感性认识。对确定冷却方式、选用塔型会有一定的帮助。

气象参数整理涉及众多数据，尤其是民用建筑部分。费尽心机采集原始数据先后 3 月有余，正当踌躇不前心力交瘁时遇到中国气象局预报司资料处吴忠义老师，他说"退休后写书不是为你自己，而是为了后人，可以提供"。寥寥数语肺腑之言使我如重见光明有了勇气。吴忠义老师是我值得感激的第一人。

文体构架尚可，题目越做越大，有时真感一木难支。可是题材已经申报，出版社也已审定选题，只能勇往直前。写作时沿用既往爬格子是万万不行的，只能靠现代高科技（文字、表格处理软件）进行统计整理，这方面我单位（中国五洲工程设计有限公司七所）杜志军同志着实帮了大忙，他是我值得感激的第二人。

写作中清华大学宋芳婷老师在关键时刻指破迷津使我受益匪浅，在此深表谢意。还有出版社、单位及我的家人对我的支持也使我难以忘怀，我衷心感谢大家。

目　　录

第一部分　概　　述

第1章　冷却构筑物分类及冷却方式

1.1　冷却构筑物分类

循环冷却水系统通常分为：①密闭式循环冷却水系统（水不与空气直接接触）；②敞开式循环冷却水系统（水与空气直接接触）。

在循环冷却水系统中，降低水温的构筑物称为冷却构筑物。其中敞开式循环冷却构筑物，根据热水与空气接触的控制方法不同，可分为水面冷却（海湾、河道、湖泊、水库、天然冷却池及人工冷却池），喷水冷却池和冷却塔（自然通风冷却塔、机械通风冷却塔）等几类。

1.2　冷却方式

1. 水面冷却是利用与空气接触的水体表面，通过蒸发散热、对流传热和辐射传热等方式而降低水温。水面冷却构筑物包括排水口、取水口及冷却水面。

2. 喷水冷却池是在人工或天然水池上装设带喷嘴的管道，热水通过喷嘴在空气中散成水滴，增加水与空气的接触表面而降低水温的构筑物，多用于钢厂。

3. 冷却塔，是在塔体内将热水喷散成以下两种状态从上向下流动，空气由下而上或水平方向在塔内流动，利用水的蒸发及空气和水的传热带走水中热量的构筑物。

（1）水滴又称点滴：点滴式淋水装置主要依靠水在溅落过程中

形成的小水滴进行散热。填料为板条，常用的板条有：三角形板条、矩形板条（倾斜或水平）、弧形板条以及十字形板条。

（2）水膜又称薄膜：薄膜式淋水装置中，进塔水流以水膜状态流动，于是增加了水同空气的接触表面积，从而提高热交换能力。填料分别为：①膜板式淋水装置（常用小间距、钢丝网水泥平板薄膜式淋水装置）；②凹凸形膜板淋水装置（有梯形波、斜波交错及折波填料）；③网格状膜板淋水装置（有镀锌铁丝水泥方格网、蜂窝淋水填料等）。

第 2 章　冷却塔分类与塔型选择

冷却塔是一种封闭式的冷却构筑物，四周被围护，在塔中被冷却的水喷散成水滴（或薄膜）。水滴与空气形成对流运动，水自上滴下，空气自下向上。

2.1　冷却塔分类

1. 按通风方式分类：有自然通风和机械通风两类。其中自然通风常分为开放式和塔式；开放式有：开放式喷水冷却塔（是一个小型喷水冷却池）、开放式滴水冷却塔。塔式有：塔式滴水冷却塔、塔式滴水水膜（风筒式双曲线）冷却塔、塔式水膜冷却塔。机械通风又分为鼓风式和抽风式。鼓风式有：鼓风式逆流冷却塔。抽风式有：抽风式逆流冷却塔、抽风式横流冷却塔。开放式、塔式和鼓风式均为逆流。

2. 按淋水装置或配水系统（无淋水装置时）将水喷淋成的冷却表面形式分类：有滴水式、水膜式和喷水式三类。

3. 按水和空气流动的方向分类：有逆流式和横流式两类。

机械通风式冷却塔《国家建筑标准设计图库》（2009 年版）GBTK2006，《中小型选用及安装冷却塔》02S106 指出：适用范围为民用建筑空调制冷机组循环冷却水系统，工业循环冷却水系统经计算复核可参照选用。图集内玻璃钢冷却塔，是根据机械工业部第四设计研究院研制开发的产品系列和中国良机集团公司开发生产的产品系列的技术参数进行编制的，共计 9 种系列 130 个规格。

开放式滴水冷却塔、塔式滴水水膜冷却塔等木质开放式冷却塔既往常用于氮肥厂，现在已很难见到。

下面依据国标冷却塔系列和网络下载有关内容，对现有常见塔型以图片方式予以介绍。

1. 自然通风冷却塔

（1）开放式喷射冷却塔

1）圆形喷射式无风机玻璃钢冷却塔（图2-1）

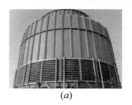  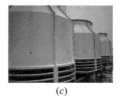

（a） （b） （c）

图 2-1　圆形喷射式无风机玻璃钢冷却塔

（a）单塔；（b）双塔；（c）多塔

2）方形喷射式无风机玻璃钢冷却塔（图2-2）

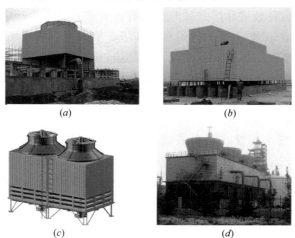

图 2-2　方形喷射式无风机玻璃钢冷却塔

（a）单塔；（b）单塔大塔；（c）双塔；（d）多塔

（2）塔式滴水水膜（风筒式双曲线）冷却塔

1）普通塔

①钢筋混凝土双曲线冷却塔（图2-3～图2-6）

②玻璃钢双曲线冷却塔（图2-7、图2-8）

2）造型塔（图2-9～图2-13）

图 2-3　河北大唐国际张家口热电
公司钢筋混凝土双曲线冷却塔

图 2-4　泸州电厂钢筋混凝土
双曲线冷却塔

图 2-5　安徽宣城电厂钢筋
混凝土双曲线冷却塔

图 2-6　上海吴泾热电厂钢筋
混凝土双曲线冷却塔

图 2-7　山西美锦集团
玻璃钢双曲线冷却塔

图 2-8　沁阳市兰天玻璃钢
双曲线冷却塔

图 2-9　北京天澄景洁公司　　　　　　图 2-10　核能发电厂双曲线
　　电厂用双曲线冷却塔　　　　　　　　　　冷却塔的艺术

图 2-11　双曲线冷却塔的艺术

图 2-12　发电站里双曲线冷却塔的艺术（一）

图 2-13　发电站里双曲线冷却塔的艺术（二）

2. 机械通风冷却塔

（1）逆流塔

1）圆形逆流玻璃钢冷却塔（图 2-14）

（a）

（b）

（c）

图 2-14　圆形逆流玻璃钢冷却塔

（a）单塔；（b）双塔；（c）多塔

2）方形逆流玻璃钢冷却塔（图 2-15）

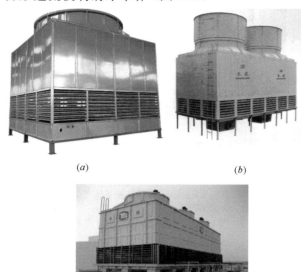

(a)   (b)

(c)

图 2-15　方形逆流玻璃钢冷却塔
（a）单塔；（b）双塔；（c）多塔

3）方形逆流不锈钢冷却塔（图 2-16）

图 2-16　方形逆流不锈钢冷却塔

（2）横流玻璃钢冷却塔（图 2-17）

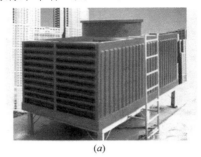

(a)

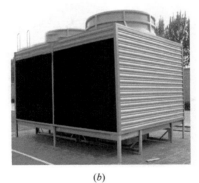

(b)

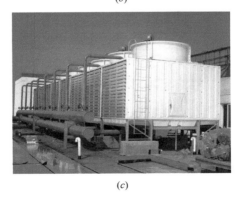

(c)

图 2-17　横流玻璃钢冷却塔

(a) 单塔；(b) 双塔；(c) 多塔

（3）（超）低噪声冷却塔

1）逆流塔

①圆形塔（图 2-18）

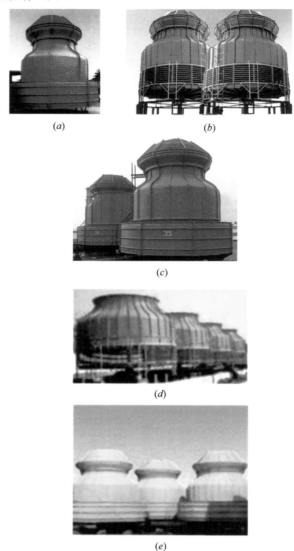

(a)

(b)

(c)

(d)

(e)

图 2-18　圆形塔

（a）单塔（超）低噪声玻璃钢冷却塔；（b）双塔低噪声玻璃钢冷却塔；

（c）双塔超低噪声玻璃钢冷却塔；（d）多塔低噪声玻璃钢冷却塔；

（e）多塔超低噪声玻璃钢冷却塔

②方形塔（图 2-19）

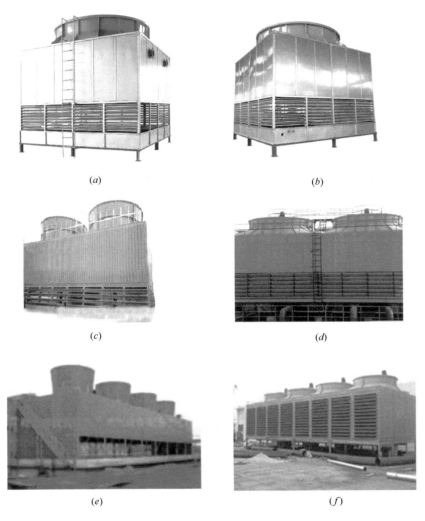

(a)   (b)

(c)   (d)

(e)   (f)

图 2-19　方形塔

(a) 单塔低噪声玻璃钢冷却塔；(b) 单塔超低噪声玻璃钢冷却塔；
(c) 双塔低噪声玻璃钢冷却塔；(d) 双塔超低噪声玻璃钢冷却塔；
(e) 多塔低噪声玻璃钢冷却塔；(f) 多塔（超）低噪声玻璃钢冷却塔

2）横流塔（图 2-20）

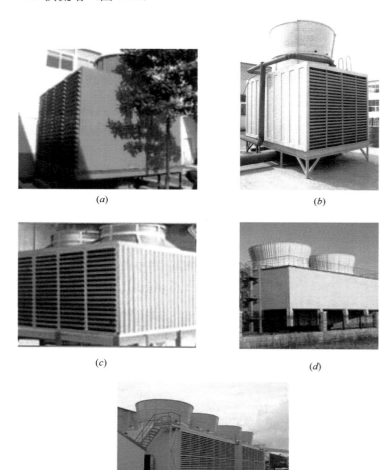

图 2-20　横流塔
（a）单塔低噪声玻璃钢冷却塔；（b）单塔超低噪声玻璃钢冷却塔；
（c）双塔低噪声玻璃钢冷却塔；（d）双塔超低噪声玻璃钢冷却塔；
（e）多塔（超）低噪声玻璃钢冷却塔

2.2 塔型选择

1. 在开放式喷水冷却塔中，水的冷却条件与喷水冷却池相似，冷却效果主要取决于风力和风向，一般在下列条件下才采用：

（1）气候较干燥，具有稳定和较大之风速；

（2）场地开阔；

（3）冷却水量较小，一般小于 $100 m^3/h$；

（4）生产工艺对冷却后的水温及其稳定性要求不尽严格，水温差 $\Delta t < 5 \sim 10℃$；

（5）冷幅高 $t_2 - \tau$ 应大于水温差 Δt。

2. 由于开放式滴水冷却塔中有淋水填料，因而具有较高的冷却能力，冷却水量可在 $500 m^3/h$ 以下，水温差 $\Delta t < 10 \sim 15℃$，冷幅高可比开放式喷水冷却塔小些。其他条件应和开放式喷水冷却塔相同。

3. 塔式冷却塔中水的冷却是利用塔内外空气的相对密度差所造成的通风抽力来完成的，效果较为稳定。塔内外空气相对密度差越小，则通风抽力越小，对水的冷却就不利，因而在高温、高湿和低气压地区和水温差较小时不宜采用。水温差大于 $6 \sim 7℃$、冷幅高大于 $7 \sim 10℃$ 和空气的湿球温度小于 $22℃$ 的条件下采用较为经济。

4. 机械通风冷却塔是一种较完善的型式，近年来采用甚广。与自然通风型相比，它能保证较稳定的冷却效果；冷却效率高，冷幅高可达 $2 \sim 3℃$，同时允许很大的水温差；占地面积小。宜在下述条件下采用：

（1）气温较高，湿度较大之地区；

（2）生产工艺对冷却后的水温及其稳定性要求严格，冷幅高 $< 6℃$；

（3）场地狭窄，通风条件不良。

该型冷却塔的缺点是消耗电能和维护管理较为复杂，此外，其鼓风式冷却塔的冷却效果易受塔顶排出湿热空气回流的影响。

第二部分 既往书籍或给水排水设计手册关于气象参数的采用、统计方法与资料年限

第3章 关于气象参数的采用

3.1 相关书籍中关于气象参数的采用

1.《中小型冷却塔设计与计算》

中小型冷却塔通用设计编制组编，有色冶金设计总院 1966 年出版：气象参数的选择→平均每年超过下列天数的温度统计表 [表 5-2（50 个城市）]。

2.《给水排水设计手册》（第 4 册 工业给水处理）

中国建筑工业出版社 1986 年出版：附录 12 各地温度统计→平均每年超过下列天数的温度统计 [附表 15（50 个城市）]。

3.《建筑给水排水设计手册》

陈耀宗、姜文源、胡鹤钧、张延灿、张淼主编，中国建筑工业出版社 1992 年出版：9.3.2 基础资料→有关城市平均年超过下列天数的气象统计资料 [表 9.3-2（31 个城市）]。

上述 1、2、3 所列数据从日期看：1 出版于 1966 年，2 出版于 1986 年，3 出版于 1992 年。从内容看：1 比较完整，2 择录有误（惠阳湿球 20 天 27.1 抄为 27.3，安达干球 10 天 27.5 抄为 27.6，重庆湿球 20 天 26.7 抄为 26.4，拉萨→气压 489.3 抄为 429.3），3 简化择录（邯郸、大同、长治、阳泉、包头、青岛、温州、宁波、厦门、抚顺、鞍山、锦州、齐齐哈尔、安达、洛阳、惠阳、昌都、

宝鸡、酒泉等 19 个未录，干球和湿球 20 天也未录），择录亦有误
（南宁干球 10 天 31.5 抄为 31.6，西宁干球 10 天 21.2 抄为 31.2，
还有拉萨→气压 489.3 抄为 429.3 与 2 同错）。由此可见 2 和 3 出
自于 1，1 的源头为中小型冷却塔通用设计编制组编制的《气象参
数整理与选择》（1965）。故本文关于既往气象参数的采用仅择录
《中小型冷却塔设计与计算》→平均每年超过下列天数的温度统计
列入下表 3-1，供工业建筑类参考选用。

平均每年超过下列天数的温度统计表　　　　　　表 3-1

城市名称	日平均干球温度(℃)				日平均湿球温度(℃)				第 13 时干球温度(℃)5 天	第 13 时湿球温度(℃)5 天	风速(m/s)	气压(mmHg)
	5 天	10 天	15 天	20 天	5 天	10 天	15 天	20 天				
1	2	3	4	5	6	7	8	9	10	11	12	13
华北地区												
北京	31.1	30.1	29.5	28.9	26.4	25.6	25.0	24.5	34.6	27.3	0.79	749.0
天津	31.0	30.1	29.5	29.0	27.1	26.3	25.7	25.2	34.1	28.0	1.65	753.2
石家庄	31.9	31.0	30.5	30.1	26.6	25.7	25.0	24.7	35.8	27.2	0.89	748.0
邯郸	33.0	31.9	31.3	30.8	27.3	26.5	26.0	25.5	36.9	28.3	1.36	749.0
太原	29.3	28.5	27.7	27.1	23.3	22.5	22.0	21.4	33.5	24.5	1.16	688.3
大同	27.3	26.3	25.5	25.0	21.1	20.4	19.9	19.4	31.5	22.3	1.34	666.0
长治	28.1	27.0	26.5	26.1	23.4	22.6	22.4	21.4	32.5	24.3	1.01	684.4
阳泉	29.8	28.9	28.3	27.7	24.2	23.1	22.5	22.0	34.3	24.8	0.75	697.7
包头	27.7	27.0	26.3	25.6	20.7	19.9	19.3	18.9	32.2	21.6	1.82	668.2
呼和浩特	27.0	26.2	25.5	25.0	20.7	19.8	19.4	18.9	30.7	21.7	0.97	666.8
华东地区												
上海	32.4	31.5	31.0	30.5	28.6	28.0	27.7	27.5	36.2	29.5	1.58	753.0
南京	33.6	32.6	31.8	31.3	28.6	28.2	27.7	27.4	36.7	29.6	1.55	749.5
济南	33.8	32.8	32.0	31.4	26.9	26.2	25.6	25.3	36.8	27.7	1.86	748.0
青岛	28.7	28.0	27.5	27.0	26.8	26.0	25.5	25.0	31.1	27.5	2.16	747.8
合肥	33.0	32.2	31.5	31.0	28.0	28.0	27.6	27.3	36.5	29.2	1.74	751.7
杭州	33.2	32.5	31.8	31.4	28.7	28.3	28.0	27.7	36.9	29.8	1.10	753.0

城市名称	日平均干球温度(℃)				日平均湿球温度(℃)				第13时干球温度(℃) 5天	第13时湿球温度(℃) 5天	风速(m/s)	气压(mmHg)
	5天	10天	15天	20天	5天	10天	15天	20天				
1	2	3	4	5	6	7	8	9	10	11	12	13
温州	31.4	30.8	30.5	30.1	28.4	28.0	27.8	27.5	34.6	30.2	1.25	754.0
宁波	32.4	31.8	31.3	30.8	28.2	27.8	27.5	27.4	36.7	29.5	1.55	754.0
福州	32.1	31.5	31.3	30.8	27.8	27.5	27.1	27.0	36.7	29.2	1.62	722.0
厦门	31.4	30.8	30.5	30.3	27.7	27.4	27.2	27.1	34.2	28.8	1.85	753.0
东北地区												
沈阳	29.4	28.2	27.5	27.0	25.5	24.6	24.0	23.5	32.7	26.5	1.71	750.3
大连	27.8	27.0	26.5	26.0	25.7	25.0	24.3	23.8	30.4	26.5	2.52	747.5
抚顺	29.6	28.4	27.6	27.1	25.5	24.5	23.7	23.3	33.6	26.4	0.75	745.0
鞍山	30.2	29.4	28.7	28.2	25.7	25.0	24.2	23.8	33.7	26.8	1.38	743.0
锦州	28.5	27.6	27.0	26.7	25.5	24.7	24.0	23.2	32.0	26.5	1.99	747.0
长春	28.5	27.4	26.5	26.0	24.0	23.1	22.5	22.1	31.8	25.2	1.70	735.0
哈尔滨	28.8	27.7	26.8	26.1	24.1	22.9	22.0	21.6	32.5	25.1	1.67	741.5
齐齐哈尔	28.5	27.5	26.4	25.8	22.8	22.0	21.3	20.6	32.4	23.9	1.76	741.0
安达	28.8	27.5	26.5	25.9	23.6	22.7	22.0	21.5	32.7	24.6	2.15	741.0
中南地区												
汉口	34.0	33.4	32.7	32.3	28.5	28.1	27.7	27.5	36.7	28.8	1.50	751.0
郑州	33.5	32.5	31.5	31.0	27.5	27.0	26.5	26.0	37.5	28.5	1.56	744.0
洛阳	33.2	32.4	31.6	31.1	27.3	26.5	25.8	25.4	37.3	28.5	1.47	737.0
长沙	33.7	33.1	32.6	32.2	28.0	27.5	27.3	27.0	36.7	28.4	1.41	748.0
南昌	34.0	33.4	33.0	32.4	28.4	27.6	27.0	26.5	37.0	28.5	1.88	749.0
广州	31.6	31.3	31.0	30.7	27.8	27.5	27.4	27.2	34.5	28.6	1.13	754.0
惠阳	31.6	31.3	30.9	30.7	27.7	27.4	27.3	27.1	34.6	28.6	1.16	754.0
南宁	31.9	31.5	31.0	30.8	27.7	27.5	27.3	27.1	35.6	28.5	1.08	745.0
西南地区												
重庆	34.0	33.0	32.2	31.6	27.7	27.3	27.0	26.7	37.5	28.2	0.81	730.0
成都	30.0	29.5	29.0	28.5	26.5	26.0	25.7	25.5	32.5	27.3	0.84	711.0

城市名称	日平均干球温度(℃)				日平均湿球温度(℃)				第13时干球温度(℃) 5天	第13时湿球温度(℃) 5天	风速 (m/s)	气压 (mmHg)
	5天	10天	15天	20天	5天	10天	15天	20天				
1	2	3	4	5	6	7	8	9	10	11	12	13
昆明	24.4	23.5	23.0	22.7	19.9	19.6	19.3	19.1	27.8	20.9	1.08	606.0
贵阳	27.5	26.5	26.5	26.3	23.0	22.7	22.5	22.3	31.0	23.8	1.11	665.6
昌都	22.3	21.3	20.5	20.0	14.5	14.2	13.7	13.5	28.0	15.8	0.89	514.4
拉萨	20.5	19.9	19.5	19.0	13.2	12.7	12.5	12.3	24.0	14.4	1.29	489.3
西北地区												
西安	33.0	32.0	31.3	30.7	25.8	25.1	24.5	24.2	37.0	26.8	1.58	718.5
宝鸡	30.8	29.7	29.3	28.7	25.0	24.0	23.5	23.1	34.7	25.8	0.86	701.8
兰州	28.3	27.1	26.4	25.7	20.2	19.4	18.8	18.5	32.2	21.3	0.85	632.4
酒泉	28.7	27.5	27.0	26.2	18.3	17.5	17.0	16.5	32.0	19.2	1.65	632.0
银川	27.9	27.2	26.5	26.1	22.0	21.1	20.5	20.2	31.0	22.5	1.13	663.0
西宁	22.2	21.2	20.5	19.8	16.5	15.6	15.0	14.7	26.5	17.5	1.10	528.0
乌鲁木齐	29.6	28.5	27.6	27.1	18.1	17.6	17.3	17.0	33.4	19.0	1.78	681.8

3.2 统计方法与资料年限

1. 统计方法

（1）干、湿球温度采用历年 5 月 15 日～9 月 15 日期间每天 7 点、13 点、19 点 3 次观测值的算术平均值（即日平均干球温度、湿球温度）和每天 13 点观测值的算术平均值（即第 13 时干球温度、湿球温度）。

（2）相对湿度采用历年 5 月 15 日～9 月 15 日 4 个月日平均相对湿度的平均值。

（3）大气压力采用历年 5 月 15 日～9 月 15 日 4 个月日平均大气压力的平均值。

2. 资料年限：

5～10 年。

第三部分 敞开式循环冷却水系统气象参数整理

冷却设施热力计算中采用的气象条件是由室外空气的干球温度 θ(℃)、湿球温度 τ(℃) 或相对湿度 ϕ、大气压力 ρ(mmHg 或 mbar)、风向风速及冬季最低温度等各参数组成。

第4章 工业建筑循环冷却水气象参数整理

《工业循环水冷却设计规范》GB/T 50102—2003 及条文说明有关气象条件的规定中指出：

（1）设计标准

规定冷却水的最高计算温度按频率 5%～10% 的日平均气象条件计算。

（2）频率统计方法

就通常采用的干球和湿球温度频率统计法、干球温度和相对湿度频率曲线法、湿球温度频率曲线法、干球温度频率曲线法等方法经实例统计、整理，并分析对比后明确指出：在计算冷却塔的最高冷却水温时，气象条件应按采用湿球温度频率统计方法→仅对日平均湿球温度进行统计，绘制频率曲线，查出设计频率下的湿球温度数值，并在原始资料中找出与此湿球温度相对应的干球温度、相对湿度和大气压力的日平均值。

（3）资料年限

为减少资料的收集及统计计算工作量，采用连续 5 年的资料能够满足设计精度的要求。

（4）气象参数的取值

每日取国家气象部门统一规定的一昼夜 4 次标准时间（每天的 2、8、14、20 点）测值的算术平均值作为日平均值，每年应采用最热时期 3 个月的日平均值。

最热时期若以六、七、八月三个月计，其值要略低于频率为 5%～10% 的统计值。

如果采用最高值不仅使系统规模大投资高，而且因这种情况在一年中仅占很短的时间，所以说是不合适的。相反，如采用值过低出水水温便难能满足要求，又会影响生产的正常进行。因此，干、湿球温度应根据生产工艺对水温要求的严格程度，按规范要求的 5%～10% 保证率来确定。我国《火力发电厂设计技术规程》GB 50049（1994 年版）规定：冷却水的最高计算温度宜按历年最炎热时期（一般以 3 个月计）频率为 10% 即超过 9.2 个最热天的日平均气象条件计算。石油、化工和机械部门的设计单位是以每年不超过 5 个最热天即频率为 5.4% 的日平均干、湿球温度的多年平均值作为气象条件的最高计算值。

下面以河北省石家庄市为例分为既往和规范两个方案，对工业建筑类气象资料整理方法作一简要介绍以及探究。地面气候资料时段为 10 年（1970～1979 年）。每年干球温度、湿球温度、相对湿度及大气压力均以最热一天为中点，向前推一个半月（含最热一天），向后推一个半月，共计最热时期 3 个月 92 天。地面气候资料来源于石家庄地区气象台《地面气象观测记录月报表》。

表 4-1 石家庄市干球温度、湿球温度及相对湿度统计表（仅以 1970 年为例），1971～1979 年从略。资料来源于石家庄地区气象台《地面气象观测记录簿》。

整理范围包括：夏季室外大气压力，夏季室外计算相对湿度，夏季室外计算干、湿球温度。

石家庄市干球温度、湿球温度及相对湿度统计表　　表 4-1

起止日期	干球温度(℃)					湿球温度(℃)					相对湿度(%)				
	2点	8点	14点	20点	平均	2点	8点	14点	20点	平均	2点	8点	14点	20点	平均
1970.5.21	20.6	19.5	30.4	25.4	24.0	13.4	14.7	19.4	17.8	16.3	40	57	32	44	43
	17.6	19.3	26.5	25.1	22.1	14.4	15.1	18.3	19.6	16.9	69	62	42	58	58
	20.6	20.5	24.1	21.2	21.6	17.6	17.0	19.3	18.8	18.2	73	69	62	79	71
	17.8	18.4	24.3	19.1	19.9	17.5	18.1	15.4	16.6	16.9	97	97	34	76	76
	14.8	17.6	26.2	23.5	20.5	14.5	15.7	17.2	17.0	16.1	97	81	37	49	66
	16.1	19.0	26.6	23.0	21.2	14.2	15.9	18.0	18.2	16.6	80	71	40	59	63
	17.3	20.1	28.1	24.5	22.5	15.9	16.4	18.6	17.6	17.1	86	67	36	48	59
	19.2	19.0	25.4	23.1	21.7	15.2	15.1	17.3	17.8	16.4	63	64	41	57	56
	18.0	20.6	26.5	24.3	22.4	16.0	16.8	18.1	17.6	17.1	80	66	41	49	59
	18.0	18.4	24.6	23.8	21.2	17.1	17.7	19.6	20.1	18.6	91	93	61	70	79
	18.6	18.6	23.6	19.1	20.0	14.0	11.5	13.2	14.5	13.3	58	37	24	58	44
	15.6	19.8	26.9	22.2	21.1	12.5	15.5	15.3	15.4	14.7	68	61	23	45	49
	19.1	20.5	24.4	19.3	20.8	14.3	16.4	17.7	16.9	16.3	56	64	49	77	62
	16.0	19.7	26.0	23.0	21.2	13.8	15.6	18.7	19.0	16.8	77	63	46	67	63
	19.6	21.4	30.0	27.6	24.7	17.7	18.5	22.2	22.4	20.2	82	75	48	62	67
	21.7	22.9	31.0	28.4	26.0	19.2	20.1	22.6	21.8	20.9	78	76	43	54	63
	24.1	23.7	28.0	26.6	25.6	18.6	20.2	21.9	20.7	20.4	57	71	57	57	61
	22.6	20.4	20.5	19.5	20.8	19.8	18.8	19.2	19.2	19.3	76	85	88	97	87
	18.8	21.9	27.5	23.5	22.9	18.3	17.6	19.5	17.8	18.3	95	64	44	55	65
	24.1	24.4	28.7	24.1	25.3	16.7	17.1	21.9	21.0	19.2	44	45	53	75	54
	22.4	23.0	25.6	21.7	23.2	16.0	17.5	18.3	17.7	17.4	48	56	46	66	54
	17.0	21.0	29.6	25.9	23.4	16.0	18.0	19.8	18.7	18.1	90	73	57	47	67
	18.9	22.5	29.2	25.8	24.1	16.3	18.0	18.8	19.8	18.2	75	63	33	55	57

起止日期	干球温度（℃）					湿球温度（℃）					相对湿度（%）				
	2点	8点	14点	20点	平均	2点	8点	14点	20点	平均	2点	8点	14点	20点	平均
	20.2	24.1	30.7	26.2	25.3	17.8	19.5	18.6	19.6	18.9	78	63	27	52	55
	19.5	23.2	30.7	25.3	24.7	16.4	18.1	20.5	19.2	18.6	71	59	36	54	55
	20.4	26.2	32.2	26.6	26.4	18.0	19.3	19.9	20.1	19.3	78	50	28	53	52
	19.4	20.2	24.6	23.4	21.9	16.7	16.8	18.8	18.6	17.7	75	69	55	61	65
	18.5	18.0	18.6	17.6	18.2	16.4	16.8	16.9	17.3	16.9	80	88	84	97	87
	17.9	18.9	19.9	21.2	19.5	17.6	18.0	17.9	19.2	18.2	97	91	81	82	88
	16.9	19.5	30.0	22.5	22.2	16.3	18.1	20.6	19.8	18.7	94	87	40	77	75
	19.4	22.9	30.0	26.5	24.7	18.5	20.1	19.5	20.7	19.7	91	76	34	57	65
	20.4	24.5	32.2	28.8	26.5	18.8	20.0	21.4	21.3	20.4	85	64	35	49	58
	21.0	25.5	35.5	30.4	28.1	19.0	20.6	21.8	20.6	20.5	85	62	26	38	53
	23.8	27.0	33.1	29.6	28.4	19.6	21.0	21.5	20.9	20.8	66	56	32	43	49
	21.6	28.6	36.9	32.4	29.9	18.3	20.8	20.4	21.8	20.3	71	47	18	36	43
	25.0	27.4	34.7	29.9	29.3	19.5	21.3	22.4	22.3	21.4	58	56	31	49	49
	26.4	24.6	34.3	30.0	28.8	20.2	20.6	23.3	22.1	21.6	54	68	37	48	52
	22.9	27.4	34.0	27.0	27.8	19.5	20.9	23.2	21.6	21.3	72	53	47	60	58
	24.9	24.1	23.4	21.5	23.5	20.9	21.1	22.0	21.0	21.3	68	75	88	95	82
	21.7	21.9	28.5	26.2	24.6	21.0	20.9	22.9	22.0	21.7	94	91	60	68	78
	22.6	25.3	28.0	25.9	25.5	20.8	22.7	21.8	22.4	21.9	84	79	56	73	73
	21.2	23.8	34.2	30.6	27.5	20.8	22.5	23.6	23.3	22.6	96	89	38	52	69
	25.8	25.4	20.5	21.6	23.3	22.4	20.8	19.3	19.2	20.4	73	64	89	79	76
	19.6	21.7	29.5	26.3	24.3	17.8	19.0	23.0	22.0	20.5	83	76	56	67	71
	22.4	25.2	34.4	31.0	28.3	18.0	20.4	22.9	24.0	21.3	63	63	35	54	54

21

起止日期	干球温度(℃)					湿球温度(℃)					相对湿度(%)				
	2点	8点	14点	20点	平均	2点	8点	14点	20点	平均	2点	8点	14点	20点	平均
1970.7.5 最热天	24.8	28.2	38.0	33.7	31.2	21.1	23.2	25.5	26.2	24.0	71	64	34	54	56
	27.8	25.9	31.8	30.4	29.0	24.6	22.5	24.3	22.7	23.5	76	73	52	49	63
	25.6	24.0	28.2	24.6	25.6	21.6	20.6	21.6	21.2	21.3	69	72	54	73	67
	22.4	24.0	30.0	25.7	25.5	20.9	21.8	22.8	20.4	21.5	87	82	52	60	70
	20.1	21.8	22.4	22.4	21.7	18.9	20.3	20.0	19.9	19.8	89	87	79	79	84
	20.2	23.1	30.2	27.4	25.2	18.1	20.2	21.0	20.9	20.1	81	76	41	53	63
	22.1	23.3	30.4	20.0	24.0	18.7	20.1	23.1	19.7	20.4	71	73	52	97	73
	19.2	20.0	23.6	23.4	21.6	19.0	19.5	21.4	22.0	20.5	98	95	82	88	91
	21.0	23.6	28.9	26.4	25.0	20.4	21.1	24.1	24.4	22.5	94	79	66	84	81
	21.7	24.8	33.7	30.1	27.6	21.3	23.1	24.9	23.7	23.3	96	86	47	57	72
	23.4	26.3	32.9	30.2	28.2	21.8	23.5	26.1	25.2	24.2	86	78	57	65	72
	26.6	26.3	23.3	23.4	24.9	23.3	23.8	22.4	22.3	23.0	75	80	92	91	85
	22.0	25.9	31.3	28.8	27.0	21.2	23.0	24.8	25.5	23.6	93	77	57	76	76
	24.3	28.2	33.6	29.1	28.8	23.6	25.0	27.0	23.6	24.8	94	76	58	61	72
	25.7	25.8	31.9	29.6	28.3	22.9	23.6	25.4	26.0	24.5	78	82	58	74	73
	25.4	23.3	32.8	31.3	28.2	24.4	22.0	26.6	26.2	24.8	92	89	60	66	77
	25.9	27.5	31.8	26.2	27.9	23.6	24.3	23.2	23.3	23.6	82	76	46	77	70
	21.4	21.7	27.3	26.2	24.2	20.7	21.1	24.1	24.0	22.5	94	95	76	83	87
	22.9	25.2	29.8	28.2	26.5	22.6	23.5	26.0	26.0	24.5	97	86	73	83	85
	23.3	24.7	30.6	28.1	26.7	22.8	23.6	26.5	26.5	24.9	96	91	71	87	86
	25.4	27.0	32.5	27.3	28.1	24.8	25.4	26.6	24.8	25.4	95	87	62	81	81
	25.8	24.2	31.2	28.1	27.3	25.0	23.2	26.8	26.3	25.3	93	92	70	86	85
	25.5	27.0	32.6	28.4	28.4	24.7	25.2	27.6	23.0	25.1	93	86	67	62	77
	24.2	26.7	31.6	29.7	28.1	23.2	24.5	26.9	27.7	25.6	92	83	68	85	82

起止日期	干球温度(℃)					湿球温度(℃)					相对湿度(%)				
	2点	8点	14点	20点	平均	2点	8点	14点	20点	平均	2点	8点	14点	20点	平均
	21.2	25.8	30.2	27.6	26.2	20.6	23.9	25.6	25.8	24.0	95	85	68	86	84
	24.6	26.2	32.6	30.4	28.5	24.2	25.6	27.2	27.6	26.2	97	95	65	80	84
	25.2	26.6	29.0	23.9	26.2	23.5	25.7	26.5	23.8	24.9	86	92	81	99	90
	20.4	20.1	21.2	20.4	20.5	20.2	19.9	20.7	20.0	20.2	98	98	95	96	97
	19.1	19.0	22.5	22.2	20.7	19.0	18.9	20.6	21.0	19.9	99	99	83	89	93
	21.2	21.7	28.7	26.2	24.5	21.0	20.7	24.4	25.2	22.8	98	91	69	92	88
	24.0	25.4	31.1	26.6	26.8	23.6	24.2	24.1	24.7	24.2	97	90	54	85	82
	24.3	24.2	28.2	26.0	25.7	23.9	22.8	24.4	24.2	23.8	97	88	72	86	86
	23.8	23.8	28.1	25.9	25.4	23.1	22.5	22.2	24.3	23.0	94	89	58	87	82
	23.6	21.4	22.0	22.2	22.3	22.0	21.0	21.4	21.4	21.5	86	96	95	93	93
	22.3	23.2	28.2	26.2	25.0	21.9	22.3	25.3	25.1	23.7	96	92	78	91	89
	25.6	28.4	32.6	29.6	29.1	25.0	25.9	28.4	27.8	26.8	95	81	72	87	84
	27.1	28.2	32.9	29.7	29.5	26.6	26.8	28.6	27.7	27.4	95	89	71	85	85
	27.8	26.2	30.8	26.5	27.8	27.0	25.0	26.3	25.3	25.9	94	90	69	90	86
	22.6	22.2	24.0	21.4	22.6	20.8	20.1	21.2	19.1	20.3	84	82	77	79	81
	20.0	20.4	26.1	22.6	22.3	18.8	17.9	20.6	21.2	19.6	89	77	59	88	78
	20.6	24.0	28.6	23.1	24.1	18.9	21.2	21.8	21.7	20.9	84	77	53	88	76
	19.4	22.5	28.4	24.7	23.8	19.1	20.7	22.1	21.8	20.9	97	84	54	77	78
	22.9	22.1	21.6	20.6	21.8	20.3	21.1	20.7	20.4	20.6	78	91	92	98	90
	19.6	19.6	20.7	21.5	20.4	19.4	19.3	20.4	20.9	20.0	98	97	97	95	97
	21.2	22.3	26.6	23.7	23.5	20.5	20.2	21.8	22.4	21.2	94	82	64	89	82
	22.5	21.2	22.5	21.7	22.0	21.0	20.2	20.6	20.8	20.7	87	91	83	92	88
1970.8.20	19.1	21.4	29.9	25.8	24.1	18.9	20.7	25.0	23.2	22.0	98	94	66	79	84

4.1 按既往方案——即通常采用的干球和湿球温度频率统计法进行整理

1. 大气压力

采用最热时期 3 个月日平均大气压力的平均值。

表 4-2 为石家庄市大气压力统计表，资料来源于石家庄地区气象台《地面气象观测记录月报表》。为了统计方便将最热时期 3 个月 92 天分成三段，日平均大气压力逐日填入表内。求出各段平均值及年平均大气压力（即三段平均值），最后十年平均即得 $P_0 = 746.8\text{mmHg}$。

表中首尾带"字符底纹"处为起止时间，与表 4-4、表 4-5 石家庄市日平均干（湿）球温度统计表相同。

2. 相对湿度

采用最热时期 3 个月日平均相对湿度的平均值。

表 4-3 为石家庄市相对湿度统计表，资料来源于表 4-1 石家庄市干球温度、湿球温度及相对湿度统计表。同上，为了统计方便将最热时期 3 个月 92 天分成三段，日平均相对湿度逐日填入表内。求出各段平均值及年平均相对湿度（即三段平均值），最后十年平均即得 $\phi = 71\%$。

表中首尾带"字符底纹"处为起止时间，与表 4-4、表 4-5 石家庄市日平均干（湿）球温度统计表相同。

为了简化统计，相对湿度可在表 4-1 石家庄市干球温度、湿球温度及相对湿度统计表中不进行统计。依据石家庄地区气象台《地面气象观测记录月报表》直接摘录编制。

3. 干、湿球温度

采用最热时期 3 个月每天的 2 点、8 点、14 点、20 点 4 次观测值的算术平均值（即日平均干、湿球温度）。

（1）表 4-4 为石家庄市日平均干球温度统计表；表 4-5 为石家庄市日平均湿球温度统计表。其中湿球温度要与干球温度一一对应，即必须同日。

（2）温度区间采用 0.5℃，把每年干、湿球温度超过某一数值的相应天数分别填入表 4-6 石家庄市平均每年干球温度超过规定值的天数统计和表 4-7 石家庄市平均每年湿球温度超过规定值的天数统计内。进而求出合计天数、累计天数及平均每年温度超过规定值的天数，并逐项填入表列相应栏内。

（3）以温度（上限）为纵坐标，以各种温度对应的（平均每年温度超过规定值的）天数为横坐标，绘出图 4-1 石家庄市（1970～1979 年）最热时期 3 个月干、湿球温度保证率曲线。

（4）以设计确定的平均每年超过 5d、10d 或 15d 的温度可从干、湿球温度保证率曲线上一一查得，依次为：

5d ——→干球温度 30.5℃，湿球温度 26.5℃。

10d ——→干球温度 29.7℃，湿球温度 25.7℃。

15d ——→干球温度 29.2℃，湿球温度 25.1℃。

（5）上述图表的整理方法为：

1）表 4-1 石家庄市干球温度、湿球温度及相对湿度统计表，来源于石家庄地区气象台《地面气象观测记录簿》；表 4-2 石家庄市大气压力统计表、表 4-3 石家庄市相对湿度统计表，来源于石家庄地区气象台《地面气象观测记录月报表》；表 4-4 石家庄市日平均干球温度统计表、表 4-5 石家庄市日平均湿球温度统计表，摘自表 4-1。上列气象参数应属原始资料。

2）表 4-6 石家庄市平均每年干球温度超过规定值的天数统计、表 4-7 石家庄市平均每年湿球温度超过规定值的天数统计，是经 Excel 表格处理软件按行降序排序后，从中由大到小逐个择取编排而成。

3）图 4-1 石家庄市（1970～1979 年）最热时期 3 个月干、湿球温度保证率曲线，是在 CAD 界面内以温度（上限）为纵坐标，以各种温度对应的（平均每年温度超过规定值的）天数为横坐标采用绘图样条曲线进行绘制，继而转换为 Word 图形文件。

年份与段		1	2	3	4	5	6	7	8	9	10	11	12	13	14	15	16
1970年	前31天	994.1	1000.1	997.3	994.9	986.7	991.7	998.9	1003.6	1001.1	998.5	1005.7	1001.1	996.4	996.3	996.2	997.2
	中30天	998.8	994.7	995.1	993.8	995.7	997.4	999.2	999.4	996.7	993.2	992.9	995.3	993.6	990.3	989.6	993.7
	后31天	983.4	988.3	992.7	994.3	994.1	993.8	992.7	990.8	990.4	992.8	998.3	1000.5	996.8	995.6	996.6	1000.0
1971年	前31天	999.7	998.6	1000.3	997.3	992.0	987.9	990.2	993.7	998.4	996.1	992.1	988.3	993.3	997.7	996.4	992.5
	中30天	987.7	986.6	988.7	993.5	993.5	988.4	988.0	991.8	995.2	995.5	995.3	995.5	997.5	995.3	993.3	992.5
	后31天	992.4	995.2	997.5	994.4	995.6	994.9	996.6	999.5	999.8	998.8	999.0	998.8	999.3	998.2	994.5	995.6
1972年	前31天	1001.3	999.7	1004.3	1008.9	1007.2	1006.6	1003.1	998.6	1006.6	1002.2	1002.3	1001.4	994.9	991.7	994.6	997.3
	中30天	994.3	993.3	996.1	998.5	997.9	996.2	997.1	994.5	992.3	989.5	991.1	998.9	996.7	992.2	988.4	984.3
	后31天	990.0	988.8	994.5	997.4	996.9	993.3	991.8	991.7	988.2	997.2	999.7	1000.0	997.3	995.1	995.8	994.9
1973年	前31天	988.2	991.2	993.8	991.7	990.5	988.0	991.7	989.1	987.8	992.4	995.4	994.7	996.9	998.5	998.3	995.2
	中30天	991.2	988.1	986.0	988.7	990.7	994.4	997.6	997.3	995.0	993.1	993.0	993.1	992.8	991.5	989.4	985.3
	后31天	992.5	996.6	1002.5	999.5	996.4	1003.3	1004.6	1001.1	1000.1	1000.2	1003.0	1003.5	1003.3	1006.2	1005.2	1001.9
1974年	前31天	994.8	994.2	991.6	996.0	995.1	989.4	988.9	988.6	995.6	1001.2	1001.9	997.5	992.0	989.9	994.5	997.3
	中30天	997.1	1000.6	998.1	998.0	997.9	996.3	993.4	995.3	998.2	997.9	995.1	992.3	988.4	987.0	987.1	988.0
	后31天	993.4	996.5	996.7	994.8	992.7	989.4	990.7	992.1	994.3	995.7	994.5	996.0	996.4	992.1	989.8	992.2
1975年	前31天	1004.5	998.7	994.2	992.9	993.2	993.7	995.1	996.1	995.9	995.3	993.0	987.9	990.3	995.3	995.4	996.1
	中30天	993.0	994.0	993.3	994.6	993.4	994.4	995.7	994.2	991.0	990.3	990.3	992.7	995.0	994.6	990.7	989.8
	后31天	993.9	994.1	993.5	991.5	991.1	991.4	996.8	1000.9	1000.0	997.5	997.5	997.0	995.9	999.2	1001.1	1000.1
1976年	前31天	1007.6	1006.0	997.9	995.1	1000.9	995.1	998.0	1002.9	1002.7	999.9	990.5	988.4	991.7	997.6	995.7	994.7
	中30天	991.5	996.9	994.3	993.7	998.7	1000.8	999.0	999.4	997.3	993.9	991.5	990.3	997.8	998.6	996.2	994.8
	后31天	998.0	998.0	997.2	995.2	995.7	996.2	996.4	996.4	996.9	995.2	990.8	985.9	988.7	994.1	998.1	1000.3
1977年	前31天	1003.8	998.0	994.1	1001.0	1004.1	995.7	992.0	991.8	992.6	989.5	994.5	996.6	996.0	998.3	993.6	990.3
	中30天	998.2	999.2	996.8	994.8	990.5	989.4	989.8	990.0	989.7	988.4	987.4	992.8	994.7	994.2	990.9	988.3
	后31天	989.6	989.1	997.1	996.8	996.0	995.6	990.1	992.1	997.5	995.6	990.1	988.7	993.8	991.0	990.1	991.2
1978年	前31天	1004.1	996.8	998.4	1000.2	997.0	1004.3	1008.1	1003.0	1001.3	997.7	992.7	992.0	997.4	997.2	993.4	992.7
	中30天	994.4	994.4	994.9	993.9	988.3	984.2	983.4	988.5	988.1	989.8	996.1	994.4	989.1	987.3	990.1	992.3
	后31天	996.9	995.3	995.0	995.6	994.7	998.3	996.3	989.9	985.4	988.0	990.9	992.9	992.8	998.1	1001.2	997.2
1979年	前31天	993.7	993.7	995.2	989.5	984.6	985.9	990.8	991.8	993.3	995.3	996.0	997.3	999.8	999.9	996.6	993.8
	中30天	997.8	997.7	994.8	996.3	999.6	997.7	994.5	994.6	1001.3	1000.4	999.3	1003.1	1003.2	995.4	989.0	998.1
	后31天	996.0	1001.8	1006.4	1001.4	995.3	996.8	1006.4	1008.0	1005.2	1005.4	1001.5	1003.2	1002.8	998.7	998.1	997.6

$P_0 = （996.1＋995.1＋995.6＋997.4＋994.2＋994.8＋995.6$

压力统计表   表 4-2

17	18	19	20	21	22	23	24	25	26	27	28	29	30	31	平均	三段平均
997.7	998.3	999.7	998.8	999.7	997.6	996.5	998.1	999.8	999.0	1002.2	1000.5	996.1	996.7	1000.8	998.1	
996.4	995.7	995.6	992.5	992.9	994.6	993.4	990.3	990.2	992.4	991.5	987.7	984.4	983.1		993.3	996.1
1000.8	1000.3	997.0	997.8	997.4	995.5	1001.3	1004.1	1002.4	999.3	997.0	1001.6	1005.3	1001.0	998.1	996.8	
991.4	992.6	996.2	994.8	993.7	997.6	997.1	996.4	997.1	995.6	990.3	991.8	994.9	992.3	989.8	994.4	
992.6	992.6	992.5	991.9	990.0	995.7	995.4	994.0	992.4	988.7	988.0	990.8	993.2	992.2		992.3	995.1
999.4	999.1	999.5	998.6	999.5	999.1	997.7	999.8	1002.5	1000.6	1001.6	1003.0	1003.0	1002.1	1000.2	998.6	
996.1	993.9	992.6	991.3	994.6	995.4	988.8	986.4	998.8	988.9	989.0	994.0	989.5	998.0	1000.0	997.4	
986.6	990.5	994.3	995.4	995.5	993.1	993.5	995.7	997.8	997.3	995.9	991.7	991.4	991.2		993.7	995.6
992.7	997.0	994.7	995.3	996.4	996.8	994.7	994.5	992.8	1000.3	1000.3	996.8	997.1	1002.2	1005.1	995.8	
990.3	996.2	998.7	1000.7	1001.1	999.1	997.2	1001.1	999.9	990.5	991.6	995.1	994.8	996.8	995.4	994.6	
986.3	992.4	997.7	998.5	996.9	999.2	1002.6	1001.3	996.6	995.8	998.4	999.9	1000.5	994.4		994.3	997.4
1001.6	1004.4	1005.8	1008.7	1008.0	1004.5	1001.8	1002.1	1007.6	1007.5	1005.6	1006.0	1006.2	1005.0	1004.4	1003.2	
994.6	995.5	997.5	995.6	989.5	985.3	991.6	994.5	988.2	984.3	990.9	995.2	994.6	993.0	992.7	993.3	
990.5	990.3	991.9	992.3	990.2	993.0	994.9	995.2	994.6	995.2	995.0	994.5	991.5	990.3		993.7	994.2
997.3	999.8	1001.3	998.0	993.9	996.4	1000.0	1000.9	998.5	996.1	991.7	996.2	1000.4	998.7	996.8	995.6	
998.3	997.1	993.5	993.1	997.5	1002.8	995.0	991.4	992.0	995.5	995.4	993.4	987.2	988.2	991.3	994.5	
991.4	992.8	992.3	990.1	990.0	993.1	995.0	994.4	996.1	996.5	992.6	997.1	996.8	994.9		993.3	994.8
996.0	994.5	997.0	995.4	993.5	994.1	995.8	997.5	998.8	995.7	991.1	997.9	999.5	1002.1	1001.5	996.5	
994.9	997.0	991.2	990.5	997.9	1000.1	996.9	994.7	992.9	991.2	992.1	992.6	991.7	991.8	995.5	996.0	
994.5	993.0	997.7	1002.0	1002.3	999.9	998.5	998.1	997.2	992.4	991.3	990.0	990.3	993.5		995.8	995.6
997.1	989.5	990.8	994.9	997.9	998.9	995.9	992.6	994.2	996.0	995.0	994.6	997.3	995.5	995.9	995.1	
992.7	992.2	993.7	989.6	990.1	999.1	998.9	993.6	993.1	997.3	996.1	996.5	994.8	993.3	992.4	995.0	
988.3	998.3	995.7	989.0	990.4	994.8	998.3	999.5	997.5	999.4	1000.4	997.9	995.9	995.0		993.9	994.7
994.5	998.4	992.2	992.6	994.2	998.2	996.1	996.0	998.4	1002.0	1004.5	1004.1	1000.6	999.2	1001.1	995.3	
989.1	991.4	993.0	997.1	997.8	994.2	994.6	999.1	999.3	997.3	998.8	996.6	997.3	993.5	992.4	997.0	
997.5	997.1	997.3	994.6	998.9	998.8	998.0	995.7	993.2	992.4	995.6	997.8	997.5	996.4		993.4	995.4
995.4	998.8	1000.9	1000.8	1000.4	1000.9	1000.5	997.6	996.5	991.0	988.4	993.1	998.2	1000.2	1000.0	995.8	
991.8	992.6	993.6	992.5	992.3	989.6	989.1	987.4	989.6	989.3	993.7	992.0	993.4	996.1	998.4	992.9	
1001.2	996.2	994.2	994.1	995.3	997.8	996.9	995.3	996.5	994.8	995.0	993.0	995.0	993.7		996.7	997.9
1001.3	1003.9	1007.3	1008.5	1005.5	993.5	1004.8	1008.9	1006.5	1008.4	1009.9	1007.7	1007.9	1007.3	1008.0	1004.0	

+994.7+995.4+997.9) ÷10×3/4=746.8mmHg

年份与段		1	2	3	4	5	6	7	8	9	10	11	12	13	14	15	16
1970年	前31天	43	58	71	76	66	63	59	56	59	79	44	49	62	63	67	63
	中30天	58	53	49	43	49	52	58	82	78	73	69	76	71	54	56	63
	后31天	70	87	85	86	81	85	77	82	84	84	90	97	93	88	82	86
1971年	前31天	53	67	44	38	34	36	50	53	91	85	74	68	71	72	72	59
	中30天	87	77	77	79	91	88	57	60	90	79	71	77	90	69	79	81
	后31天	83	91	81	80	68	68	70	84	87	85	84	78	75	72	76	80
1972年	前31天	24	28	36	48	62	62	62	62	72	82	59	53	43	33	62	65
	中30天	46	37	66	58	51	47	52	67	57	56	53	74	65	73	66	53
	后31天	74	77	60	68	71	59	59	66	78	84	83	88	84	82	79	78
1973年	前31天	72	74	74	76	66	66	53	74	72	88	79	80	86	84	89	91
	中30天	87	83	77	76	80	81	83	85	85	85	88	75	73	74	48	71
	后31天	86	78	87	97	88	91	84	89	95	95	84	78	79	93	86	80
1974年	前31天	51	48	68	65	50	53	46	38	53	58	50	65	42	43	55	49
	中30天	33	47	46	57	63	81	80	76	82	81	86	91	86	69	63	68
	后31天	91	89	88	93	88	88	71	74	80	85	78	82	92	93	92	82
1975年	前31天	50	47	41	36	45	56	62	64	71	77	71	50	43	43	46	43
	中30天	45	51	58	68	70	69	68	66	83	66	63	68	88	90	66	47
	后31天	78	72	71	90	81	72	74	70	69	69	83	95	97	90	83	86
1976年	前31天	26	40	52	34	38	53	79	79	50	36	25	37	53	46	54	66
	中30天	38	42	41	52	71	72	71	75	78	70	56	65	63	44	30	38
	后31天	77	77	86	85	78	79	94	98	96	91	87	86	76	88	87	83
1977年	前31天	62	67	80	70	91	87	85	65	56	43	62	63	63	52	44	47
	中30天	73	93	94	90	92	87	74	77	82	88	71	76	92	98	83	66
	后31天	92	72	75	95	91	91	91	91	95	88	93	85	83	91	97	82
1978年	前31天	83	76	73	76	87	81	75	59	52	56	41	39	45	51	48	52
	中30天	47	61	57	63	68	69	56	67	78	68	83	63	66	61	55	56
	后31天	92	88	89	89	92	83	81	83	73	70	60	73	74	86	96	94
1979年	前31天	56	49	68	70	42	45	54	62	75	81	87	93	95	80	70	78
	中30天	88	84	86	84	82	86	85	85	84	77	79	81	86	82	66	73
	后31天	79	79	78	78	80	66	48	77	73	83	81	53	53	71	77	82

$$\phi = \left[(72+76+62+82+69+67+64+ \right.$$

28

湿度统计表（单位:%） 表4-3

17	18	19	20	21	22	23	24	25	26	27	28	29	30	31	平均	三段平均
61	87	65	54	54	67	57	55	55	52	65	87	88	75	65	63	
67	70	84	63	73	91	81	72	72	85	76	72	73	77		68	72
82	93	89	84	85	86	81	78	76	78	90	97	82	88	84	85	
56	45	71	53	43	57	51	77	79	93	75	84	80	93	81	65	
78	86	91	90	82	83	86	85	90	90	79	66	80	78		81	76
75	88	91	93	95	91	76	87	93	89	81	91	87	87	81	83	
57	44	34	44	42	31	35	29	66	43	34	35	31	33	44	47	
54	77	86	77	72	77	65	60	56	49	63	52	58	70		61	62
85	86	79	79	80	79	67	75	71	89	88	87	84	83	73	77	
83	84	80	90	85	85	82	89	79	85	66	78	83	79	83	79	
86	75	82	89	87	85	85	79	74	77	79	88	92	86		81	82
83	89	97	97	83	94	94	88	73	79	91	78	84	87	88	87	
43	47	45	47	50	48	45	42	66	56	54	54	45	51	46	51	
61	76	81	87	80	83	79	70	87	80	82	92	87	80		74	69
94	77	83	84	78	77	80	81	80	78	84	88	71	74	59	82	
55	55	44	39	47	84	72	46	42	61	71	79	75	49	40	55	
61	64	69	69	66	72	80	79	79	83	68	54	60	76		68	67
83	91	87	84	86	82	81	76	72	70	73	53	66	68	67	78	
67	47	53	35	27	33	47	51	71	79	69	38	32	38	47	48	
55	63	72	78	65	60	54	62	61	58	76	75	68	70		61	64
91	85	80	82	84	84	84	77	75	80	90	78	61	71	86	83	
60	80	43	27	48	55	58	53	59	58	60	60	59	57	51	60	
63	79	70	70	70	73	83	82	75	80	79	92	90	91		81	75
62	88	79	85	77	83	83	78	73	80	89	79	81	87	77	84	
39	31	40	44	50	52	48	34	44	39	52	48	45	45	37	55	
76	75	72	81	79	88	70	69	64	70	71	69	84	92		69	68
81	73	74	74	85	89	92	86	83	87	79	74	70	72	79	81	
72	74	86	72	70	77	79	74	66	58	78	74	81	80	81	72	
67	74	86	80	89	95	94	91	98	88	71	57	64	69		81	75
68	68	61	58	68	74	76	62	70	66	64	69	70	80	82	71	

75+68+75) ÷10]%＝71%

年份与段		1	2	3	4	5	6	7	8	9	10	11	12	13	14	15	16
1970年	前31天	24.0	22.1	21.6	19.9	20.5	21.2	22.5	21.7	22.4	21.2	20.0	21.1	20.8	21.2	24.7	26.0
	中30天	26.5	28.1	28.4	29.9	29.3	28.8	27.8	23.5	24.6	25.5	27.5	23.3	24.3	28.3	31.2	29.0
	后31天	27.9	24.2	26.5	26.7	28.1	27.3	28.4	28.1	26.2	28.5	26.2	20.5	20.7	24.5	26.8	25.7
1971年	前31天	26.0	24.0	22.7	24.2	26.7	28.1	25.2	26.6	18.3	19.5	23.0	25.1	25.2	23.6	23.4	27.7
	中30天	24.9	24.4	26.6	28.4	27.2	26.2	27.2	26.2	20.8	22.8	26.1	27.3	26.0	28.9	30.1	31.8
	后31天	27.1	24.7	23.9	24.9	26.0	24.9	26.6	23.7	24.5	25.0	25.6	26.2	26.9	28.6	29.8	26.9
1972年	前31天	21.4	25.1	22.6	18.9	18.2	18.9	20.2	22.0	17.9	17.3	22.1	22.7	26.1	30.2	25.7	26.4
	中30天	25.0	28.7	25.5	25.8	26.6	28.4	25.9	25.0	29.3	29.6	29.2	25.5	28.2	26.5	27.8	33.1
	后31天	29.4	28.2	29.0	26.4	24.9	27.3	28.2	27.6	23.8	24.7	23.9	23.2	25.5	27.4	28.5	28.5
1973年	前31天	27.1	27.0	25.4	24.9	28.1	29.2	28.3	25.2	26.2	21.8	23.2	24.7	24.6	24.4	22.2	18.7
	中30天	25.2	24.7	27.8	26.0	26.3	28.0	26.8	24.2	25.8	27.6	26.3	26.7	28.1	28.5	31.8	29.5
	后31天	27.2	27.2	23.5	21.0	25.0	24.0	23.3	23.4	21.7	22.1	20.9	22.3	23.4	19.9	20.0	21.9
1974年	前31天	25.9	25.0	25.6	20.7	21.4	23.0	23.9	25.1	22.3	21.2	22.4	21.0	27.5	26.7	24.0	24.2
	中30天	27.3	26.4	27.2	26.3	25.7	22.6	24.2	24.4	23.6	24.3	23.5	23.4	26.0	29.2	30.4	28.6
	后31天	24.7	25.8	26.2	25.6	26.3	27.7	29.1	28.1	27.0	25.0	26.7	27.4	24.7	25.0	25.1	25.4
1975年	前31天	25.4	26.0	23.5	23.0	23.8	24.3	22.6	22.9	23.6	23.0	23.5	26.0	25.1	26.3	27.4	28.4
	中30天	28.4	28.9	27.9	27.2	28.0	27.3	26.3	26.5	24.0	26.1	28.2	28.3	24.1	22.1	25.7	30.2
	后31天	25.1	27.6	28.3	24.7	25.2	25.7	25.8	26.5	26.2	28.1	27.1	25.2	24.5	25.1	26.8	28.6
1976年	前31天	16.6	18.0	21.2	21.3	20.0	20.2	19.4	19.4	21.4	21.4	26.9	28.3	24.9	22.4	24.2	22.8
	中30天	27.8	25.5	27.1	26.6	22.1	21.6	23.5	22.9	24.5	25.5	28.0	25.9	24.1	27.0	30.4	27.7
	后31天	23.3	24.7	24.2	23.5	24.5	26.4	22.3	21.0	21.5	23.5	27.1	28.9	27.3	24.9	23.4	24.2
1977年	前31天	22.1	23.5	21.3	20.9	15.8	18.0	21.0	22.8	23.5	26.2	20.8	22.5	24.9	24.4	26.7	26.7
	中30天	22.2	18.2	18.6	21.0	22.9	25.2	27.7	26.3	28.6	24.2	27.3	28.0	23.9	21.4	26.4	26.7
	后31天	25.3	28.6	26.6	22.0	23.7	26.2	26.4	27.2	24.1	25.7	26.2	26.1	25.6	25.3	24.3	26.1
1978年	前31天	15.8	21.1	25.5	24.4	21.7	17.1	16.9	19.6	21.8	21.8	25.5	25.4	23.9	24.0	27.5	26.4
	中30天	28.9	26.8	27.5	28.2	29.2	26.9	29.8	28.2	26.4	29.1	24.9	26.6	28.2	30.0	29.6	31.2
	后31天	25.8	25.8	25.9	26.6	26.4	25.3	25.1	25.6	29.3	28.7	29.2	29.8	30.0	23.7	21.0	21.7
1979年	前31天	26.5	29.0	25.3	23.2	28.4	28.6	28.5	26.8	25.2	24.7	23.3	22.1	17.7	22.0	24.8	25.9
	中30天	22.9	25.2	24.8	26.1	27.6	28.4	28.8	27.7	22.8	23.2	24.9	25.1	23.2	26.9	31.1	27.9
	后31天	25.7	24.1	21.5	24.1	25.8	24.6	21.3	18.2	19.0	19.4	22.2	21.7	20.9	19.9	21.1	22.1

干球温度统计表 （单位:℃）

表 4-4

17	18	19	20	21	22	23	24	25	26	27	28	29	30	31	①起止时间 ②最热天
25.6	20.8	22.9	25.3	23.2	23.4	24.1	25.3	24.7	26.4	21.9	18.2	19.5	22.2	24.7	
25.6	25.5	21.7	25.2	24.0	21.6	25.0	27.6	28.2	24.9	27.0	28.8	28.3	28.2		①5.21~8.20 ②7.5
25.4	22.3	25.0	29.1	29.5	27.8	22.6	22.3	24.1	23.8	21.8	20.4	23.5	22.0	24.1	
29.6	29.9	26.7	27.7	28.1	26.8	28.4	23.0	23.6	22.0	23.1	23.4	25.6	21.6	24.4	
30.8	30.0	24.2	25.0	28.8	24.8	23.5	23.1	24.0	27.2	30.4	29.4	28.8	28.8		①5.31~8.30 ②7.16
25.6	22.8	21.2	22.3	22.8	22.4	24.6	21.9	21.5	22.1	22.3	22.5	22.5	23.5	24.8	
28.2	29.0	28.4	24.9	27.2	30.3	31.0	32.0	22.4	27.8	28.6	27.1	31.8	27.0	22.4	
32.9	28.3	22.3	25.0	25.1	24.3	25.9	26.9	27.6	29.9	27.6	30.4	29.1	29.5		①5.19~8.18 ②7.4
26.5	22.7	25.4	26.1	25.6	26.7	28.5	29.3	30.1	24.6	24.1	25.7	27.2	24.1	21.8	
23.9	25.8	27.7	26.0	27.0	27.2	28.3	22.6	23.3	25.4	28.2	25.6	22.2	23.9	24.2	
27.9	29.5	29.0	25.4	27.3	27.0	28.3	28.4	29.3	29.4	27.8	24.8	22.0	24.9		①6.17~9.16 ②8.2
23.3	23.0	20.4	18.2	20.5	19.4	17.8	19.5	20.4	19.5	17.6	19.4	20.2	18.5	19.2	
27.5	27.5	27.7	28.4	27.7	28.7	27.8	25.4	23.5	25.2	24.0	25.1	27.3	27.8	29.3	
26.7	24.9	24.5	22.6	25.2	24.7	27.2	28.3	24.9	26.9	27.8	25.1	26.7	26.4		①5.26~8.25 ②7.10
21.8	24.7	23.9	23.2	25.0	26.4	26.0	27.0	27.0	27.4	26.2	23.3	23.4	23.4	26.7	
25.5	26.7	29.1	30.1	26.2	19.8	23.1	29.0	29.3	26.8	25.8	25.0	24.8	28.2	28.5	
29.2	27.6	26.7	28.1	28.3	29.0	28.5	29.8	28.4	27.3	28.4	27.0	26.8	23.8		①5.26~8.25 ②7.11
29.1	26.3	23.7	25.4	26.2	27.7	27.7	27.4	27.3	28.3	28.4	26.2	25.1	25.6	26.2	
22.2	22.8	24.7	27.6	24.2	24.1	23.0	23.2	21.8	22.7	24.1	23.8	26.0	25.1	24.1	
24.9	27.7	23.7	21.2	22.6	23.9	24.4	24.3	26.7	28.1	23.2	23.6	26.8	25.6		①5.12~8.11 ②6.26
23.9	28.0	27.4	26.3	26.0	23.0	22.6	26.6	26.1	24.8	23.9	26.0	27.2	26.4	26.3	
25.9	22.1	22.3	26.4	26.6	25.4	23.4	26.3	26.4	27.6	27.6	26.7	27.3	28.4	28.5	
29.1	25.8	26.2	27.3	25.9	25.6	26.0	27.2	29.4	27.3	26.5	22.7	22.9	24.3		①5.23~8.22 ②7.8
28.6	24.0	25.8	23.1	24.2	24.0	22.9	23.7	24.4	23.6	22.3	23.9	23.4	21.7	23.7	
28.8	30.7	29.6	28.8	25.7	26.8	26.7	28.4	26.3	29.1	26.1	28.9	28.4	30.2	31.2	
26.5	26.2	27.5	24.8	24.7	24.7	27.1	27.5	27.3	26.1	27.5	28.3	27.1	25.1		①5.24~8.23 ②7.9
25.7	26.5	26.1	24.1	23.5	23.2	21.3	24.3	25.6	23.2	25.1	27.2	27.3	27.4	26.8	
28.5	27.6	24.2	25.7	28.3	25.7	27.6	29.5	30.5	25.6	26.6	24.2	25.8	25.3		
26.5	28.1	29.7	30.1	26.4	23.2	21.1	23.8	20.3	23.4	25.6	27.4	25.2	26.1		①6.21~9.20 ②8.5
21.9	20.6	20.0	20.7	20.8	22.1	23.1	20.7	19.7	20.0	19.7	19.4	20.0	20.9	18.6	

年份与段		1	2	3	4	5	6	7	8	9	10	11	12	13	14	15	16
1970年	前31天	16.3	16.9	18.2	16.9	16.1	16.6	17.1	16.4	17.1	18.6	13.3	14.7	16.3	16.8	20.2	20.9
	中30天	20.4	20.5	20.8	20.3	21.4	21.6	21.3	21.3	21.7	21.9	22.6	20.4	20.5	21.3	24.0	23.5
	后31天	23.6	22.5	24.5	24.9	25.4	25.3	25.1	25.6	24.0	26.2	24.9	20.2	19.9	22.8	24.2	23.8
1971年	前31天	19.6	19.8	15.5	15.5	16.0	18.1	18.0	20.1	17.4	17.8	19.5	20.4	21.2	20.0	19.6	21.3
	中30天	23.1	21.6	23.4	25.5	26.2	24.6	20.9	20.4	19.7	20.2	22.0	24.2	24.7	24.1	27.0	29.0
	后31天	24.7	23.6	21.5	22.2	21.4	20.5	22.4	21.7	22.8	23.0	23.5	23.1	23.2	24.6	26.0	24.0
1972年	前31天	11.5	14.5	14.2	13.0	14.0	14.4	15.8	17.2	14.9	15.5	16.3	16.3	16.9	19.2	20.3	21.5
	中30天	17.3	18.4	21.0	20.1	19.7	20.3	19.2	20.3	22.4	22.4	21.9	22.0	23.2	22.7	22.9	25.0
	后31天	25.8	24.7	22.7	22.0	21.0	21.2	21.9	22.6	21.1	22.7	21.7	21.8	23.4	24.9	25.6	25.3
1973年	前31天	23.1	23.3	21.8	21.8	23.0	23.5	21.5	21.7	22.4	20.4	20.6	22.2	22.8	22.5	21.0	17.8
	中30天	23.4	22.6	24.5	22.7	23.6	24.5	24.5	22.4	23.8	25.4	24.7	23.0	24.3	24.7	23.3	25.2
	后31天	25.2	24.2	22.0	20.7	23.3	22.9	21.3	22.1	21.1	21.6	19.0	19.5	20.7	19.2	18.3	19.5
1974年	前31天	18.9	17.9	21.0	16.6	15.0	16.5	16.2	16.1	16.1	16.1	16.0	16.8	17.6	18.2	18.2	16.4
	中30天	16.8	18.5	19.3	20.3	20.4	20.5	21.7	21.2	21.5	21.8	21.8	22.3	24.5	24.3	24.0
	后31天	23.6	24.4	24.6	24.8	24.8	26.1	24.7	24.4	24.3	23.1	23.7	24.8	23.7	24.1	24.1	22.9
1975年	前31天	18.2	18.5	15.1	14.3	16.1	18.0	17.9	18.3	19.9	20.0	19.8	18.0	16.9	17.8	19.1	19.3
	中30天	20.0	21.5	21.7	22.7	23.7	22.9	22.1	21.6	21.9	21.4	22.5	23.5	20.9	20.9	21.8
	后31天	22.0	23.4	24.1	23.5	22.7	21.9	22.2	22.4	21.8	23.7	24.9	24.6	24.1	23.8	24.5	26.6
1976年	前31天	8.6	11.2	15.1	12.6	12.1	14.8	17.0	17.0	14.8	13.0	15.6	18.7	18.2	15.3	18.1	18.6
	中30天	18.0	17.4	18.3	19.6	18.5	18.2	19.7	19.7	21.6	21.5	21.1	21.0	19.1	18.1	18.4	18.2
	后31天	20.4	21.8	22.5	21.6	21.7	23.6	21.6	20.8	21.0	22.4	25.2	27.0	24.1	23.3	21.9	22.1
1977年	前31天	17.0	19.1	19.0	17.2	14.9	16.6	19.3	18.3	17.8	18.0	16.2	17.7	19.7	18.1	18.5	18.7
	中30天	18.9	17.5	18.0	19.8	21.9	23.5	24.1	23.1	26.0	22.8	23.3	24.5	23.0	21.1	23.9	24.6
	后31天	24.3	24.4	23.2	21.4	22.6	25.1	25.3	26.1	23.6	24.1	25.3	24.2	23.4	24.3	24.0	23.7
1978年	前31天	14.1	18.2	21.9	21.4	20.1	15.2	14.4	14.7	15.8	15.9	16.5	16.8	16.3	17.5	19.7	19.7
	中30天	20.7	21.4	21.0	22.8	24.5	25.2	22.1	23.4	23.5	24.1	22.6	21.3	22.9	23.8	22.9	24.3
	后31天	24.8	24.2	24.5	25.2	25.5	23.1	22.6	23.9	25.1	24.4	23.2	25.8	26.2	21.9	20.5	21.0
1979年	前31天	19.9	21.2	21.1	19.2	19.4	20.4	21.3	21.5	21.5	22.1	21.8	21.3	17.2	19.4	20.5	22.2
	中30天	21.6	23.1	23.0	24.0	25.1	26.4	26.5	25.5	20.9	20.5	21.9	22.7	21.5	24.1	25.6	24.0
	后31天	22.8	21.3	18.9	21.3	23.0	20.0	14.5	15.8	15.7	17.3	19.6	15.1	14.4	16.3	18.1	19.6

湿球温度统计表（单位:℃） 表4-5

17	18	19	20	21	22	23	24	25	26	27	28	29	30	31	①起止时间
20.4	19.3	18.3	19.2	17.4	18.1	18.2	18.9	18.6	19.3	17.7	16.9	18.2	18.7	19.7	
21.3	21.5	19.8	20.1	20.4	20.5	22.5	23.3	24.2	23.0	23.6	24.8	24.5	24.8		①5.21～8.20
23.0	21.5	23.7	26.8	27.4	25.9	20.3	19.6	20.9	20.9	20.6	20.0	21.2	20.7	22.0	
22.5	21.1	22.8	20.4	19.4	20.7	20.9	20.3	20.8	21.2	19.8	21.4	22.9	20.8	22.0	
27.6	28.1	23.0	23.7	26.3	22.6	21.8	21.4	23.4	25.9	27.0	24.3	25.9	25.7		①5.31～8.30
22.3	21.3	20.2	21.5	22.2	21.4	21.4	20.4	20.7	20.8	20.0	21.4	20.8	21.9	22.2	
21.6	19.7	17.6	16.8	18.1	18.7	19.6	19.6	17.7	18.7	18.2	16.8	19.6	16.8	15.4	
24.7	25.0	20.8	22.0	21.4	21.1	20.7	20.8	21.1	21.9	22.4	22.5	22.7	25.0		①5.19～8.18
24.5	20.9	22.5	23.1	23.0	23.8	23.3	25.7	25.8	23.2	22.7	24.0	24.9	22.0	18.7	
21.7	23.7	25.0	24.8	25.0	25.2	25.7	21.3	20.6	23.4	23.2	22.7	20.2	21.2	22.1	
26.0	26.0	26.4	24.0	25.4	25.0	26.3	25.3	25.4	26.0	24.9	23.3	21.1	23.1		①6.17～9.16
21.2	21.7	20.1	17.9	18.5	18.8	17.2	18.1	17.2	16.8	16.7	16.7	18.2	17.2	17.8	
18.6	19.3	19.1	20.1	20.1	19.8	19.2	16.7	19.2	18.2	17.8	18.6	18.7	20.2	20.9	
21.0	21.8	28.1	21.1	22.6	22.6	24.3	23.9	23.3	24.2	25.3	24.0	24.9	23.7		①5.26～8.25
21.1	21.8	21.7	21.3	21.9	23.2	23.3	24.4	24.3	24.5	23.9	21.8	19.4	19.8	20.7	
19.3	20.0	19.9	20.4	18.8	18.1	18.8	20.1	19.9	21.4	21.7	22.3	21.5	20.1	19.1	
23.3	22.6	22.4	23.7	23.4	24.8	25.6	26.6	25.4	25.1	23.6	20.3	21.2	20.8		①5.26～8.25
26.8	25.2	22.0	23.3	24.3	25.3	25.1	24.0	23.4	24.0	24.2	19.6	20.3	21.1	21.6	
18.1	15.9	18.5	17.6	14.0	14.9	16.1	16.8	18.3	20.0	20.1	15.5	16.1	16.0	16.8	
19.0	22.3	20.3	18.6	18.2	18.6	18.3	19.3	21.1	21.8	20.3	20.2	22.2	21.5		①5.12～8.11
22.8	25.9	24.8	24.1	23.9	21.1	20.8	23.3	22.7	21.9	22.7	22.8	21.7	22.4	24.4	
20.5	19.7	14.7	15.5	18.8	19.1	18.0	19.3	20.7	21.6	21.7	21.2	21.4	21.8	20.6	
23.3	23.1	22.1	23.0	21.6	22.0	23.6	24.7	25.8	24.6	23.8	21.7	21.7	23.1		①5.23～8.22
23.2	22.6	22.9	21.3	21.2	21.8	20.9	20.8	20.8	21.1	21.0	21.2	21.0	20.2	20.9	
18.7	19.0	19.6	20.0	18.9	19.9	18.7	18.0	17.9	19.3	19.4	20.5	20.1	21.3	20.4	
23.3	22.8	23.6	22.4	22.0	23.1	22.7	22.9	22.1	22.0	23.5	23.9	25.0	24.1		①5.24～8.23
22.9	22.7	22.5	20.7	21.6	21.9	20.4	23.7	23.4	21.5	22.3	23.4	23.0	23.3	23.9	
24.1	23.9	22.5		23.0	23.2	22.8	23.7	24.2	23.8	22.8	23.0	21.8	23.0	22.9	
21.9	24.2	27.6	27.0	24.9	22.6	20.4	22.7	20.0	21.7	21.5	20.6	20.1	21.7		①6.21～9.20
17.5	16.5	14.9	15.1	16.6	18.7	19.7	16.0	16.1	15.7	15.3	15.4	16.0	18.4	16.7	

表 4-6

石家庄市平均每年干球温度超过规定值的天数统计

序号	温度区间(℃)	一年中的天数 (d)										合计天数 (d)	累计天数 (d)	平均每年温度超过规定值的天数 (d)
		1970年	1971年	1972年	1973年	1974年	1975年	1976年	1977年	1978年	1979年			
1	33~34			1								1	1	0.1
2	32~33			1								1	2	0.2
3	31~32	1	1	2	1			1			1	8	10	1.0
4	30~31		3	5	5	1	2			2	2	16	26	2.6
5	29~30	4	5	8	9	3	5		3	2	2	46	72	7.2
6	28~29	13	9	14	11	5	19	3	5	11	9	97	169	16.9
7	27~28	6	7	10	8	15	13	11	10	11	6	100	269	26.9
8	26~27	9	12	10	10	16	17	11	18	17	8	126	395	39.5
9	25~26	9	9	12	10	15	16	8	12	14	15	120	515	51.5
10	24~25	13	14	10	10	15	6	18	8	7	9	110	625	62.5
11	23~24	8	12	3	6	12	8	13	13	6	8	93	718	71.8
12	22~23	8	12	7	4	5	5	12	11		6	72	790	79.0
13	21~22	11	5	3	6	3		8	4	6	7	51	841	84.1
14	20~21	6	1	1	6	2		2	4	1	7	30	871	87.1
15	19~20	3	1		7		1	3		1	8	24	895	89.5
16	18~19	1	1	3	3				2		3	13	908	90.8
17	17~18			2	2			1		1	1	8	916	91.6
18	16~17									1		2	918	91.8
19	15~16							1		1		2	920	92.0

34

表 4-7

石家庄市平均每年湿球温度超过规定值的天数统计

序号	温度区间 (℃)	一年中的天数 (d)										合计天数 (d)	累计天数 (d)	平均每年温度超过规定值的天数 (d)
		1970年	1971年	1972年	1973年	1974年	1975年	1976年	1977年	1978年	1979年			
1	28~29		2			1						3	3	0.3
2	27~28	1	1								1	3	6	0.6
3	26~27	2	4		2	1	3	1	1	1	3	18	24	2.4
4	25~26	5	5	5	12	1	6	2	5	4	3	48	72	7.2
5	24~25	8	7	8	11	19	8	4	10	9	5	89	161	16.1
6	23~24	8	9	7	14	12	14	4	15	15	7	105	266	26.6
7	22~23	6	12	13	13	4	11	10	7	18	15	109	375	37.5
8	21~22	13	19	16	14	13	16	14	17	11	18	151	526	52.6
9	20~21	17	17	10	8	10	8	9	10	10	7	106	632	63.2
10	19~20	8	9	7	3	8	12	6	7	7	9	76	708	70.8
11	18~19	9	1	6	6	8	6	18	7	5	4	70	778	77.8
12	17~18	4	3	4	6	3	4	3	7	3	3	40	818	81.8
13	16~17	9		6	3	10	2	6	3	3	5	47	865	86.5
14	15~16		3	3		1	1	6	1	3	9	27	892	89.2
15	14~15	1		4		1	1	3	2	3	3	18	910	91.0
16	13~14	1		1				1				3	913	91.3
17	12~13			1				3				4	917	91.7
18	11~12			1				1				2	919	91.9
19	10~11											0	919	91.9
20	9~10											0	919	91.9
21	8~9							1				1	920	92.0

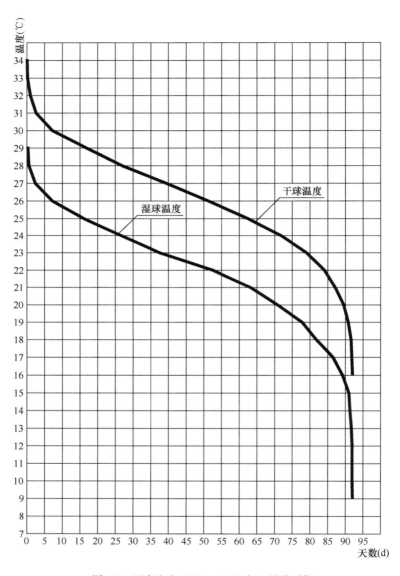

图 4-1　石家庄市（1970～1979 年）最热时期
3 个月干、湿球温度保证率曲线

4.2 按规范方案——即湿球温度频率曲线法进行整理

湿球温度：采用最热时期 3 个月每天的 2 点、8 点、14 点、20 点 4 次观测值的算术平均值（即日平均湿球温度）。

（1）表 4-8 为石家庄市日平均湿球温度统计表。

（2）温度区间采用 0.5℃，把每年湿球温度超过某一数值的相应天数填入表 4-9 石家庄市平均每年湿球温度超过规定值的天数统计内。进而求出合计天数、累计天数及平均每年温度超过规定值的天数，并逐项填入表列相应栏内。

（3）以温度（上限）为纵坐标，以各种温度对应的（平均每年温度超过规定值的）天数为横坐标，绘出图 4-2 石家庄市（1970～1979 年）最热时期 3 个月湿球温度保证率曲线。

（4）以设计确定的平均每年超过 5d、10d 或 15d 的湿球温度可从湿球温度保证率曲线上一一查得，依次为：

5d→湿球温度 26.5℃。

10d→湿球温度 25.7℃。

15d→湿球温度 25.1℃。

（5）上述图表的整理方法

1）表 4-8 为石家庄市日平均湿球温度统计表，同表 4-5 摘自表 4-1。

2）表 4-9 为石家庄市平均每年湿球温度超过规定值的天数统计，同样是经 Excel 表格处理软件按行降序排序后，从中由大到小逐个择取编排而成。

3）图 4-2 为石家庄市（1970～1979 年）最热时期 3 个月湿球温度保证率曲线，也是在 CAD 界面内以温度（上限）为纵坐标，以各种温度对应的（平均每年温度超过规定值的）天数为横坐标采用绘图样条曲线进行绘制，继而转换为 Word 图形文件。

4）其他各气象要素抉择

原则为湿球温度查得后在原始资料中找出与此湿球温度相对应的同一天的干球温度、相对湿度和大气压力；其值即为所求夏季室外计算干球温度，相对湿度及夏季室外大气压力的日平均值。对由于同一湿球温度因出现日期的不同，相应的干球温度、相对湿度和大气压力也不同者，宜选用其中相对湿度最高一天的各气象要素。过程如下：

①依靠各年湿球温度排序初定湿球温度所在的年代；

②查看湿球温度统计表确定湿球温度所在年代的段和位居日期；

③依据湿球温度所在年代的段和位居日期，从大气压力、相对湿度、干球温度等统计表中找出与其湿球温度相对应的同一天的大气压力、相对湿度、干球温度。对由于同一湿球温度因出现日期的不同，相应的干球温度、相对湿度和大气压力也不同者，宜选用其中相对湿度最高一天的各气象要素。

5d→湿球温度 26.5℃因无重复日期，仅限 1979 年中段第 7 天，对应的同一天的大气压力 994.5mmHg、相对湿度 85％、干球温度 28.8℃。

10d→湿球温度 25.7℃有 3 个不同日期，先后为 1971 年中段第 30 天、1972 年后段第 24 天、1973 年前段第 23 天，相对湿度依次为 78％、75％、82％，其中 1973 年 82％为最高，与其相对应的同一天的大气压力 997.2mmHg、干球温度 28.3℃。

15d→湿球温度 25.1℃有 5 个不同日期，先后为 1970 年后段第 7 天、1975 年后段第 23 天、1977 年后段第 6 天、1978 年后段第 9 天、1979 年中段第 5 天，相对湿度依次为 77％、81％、91％、73％、82％，其中 1977 年 91％为最高，与其相对应的同一天的大气压力 993.6mmHg、干球温度 26.2℃。

数据汇总：

5d 湿球温度 26.5℃→大气压力 994.5mmHg、相对湿度 85％、干球温度 28.8℃。

10d 湿球温度 25.7℃→大气压力 997.2mmHg、相对湿度 82％、干球温度 28.3℃。

15d 湿球温度 25.1℃→大气压力 993.6mmHg、相对湿度 91％、干球温度 26.2℃。

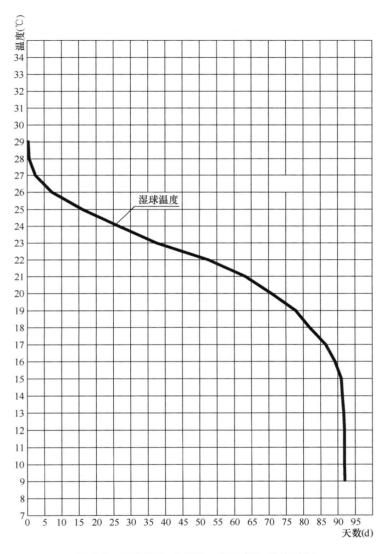

图 4-2 石家庄市（1970~1979 年）最热时期
3 个月湿球温度保证率曲线

年份与段		1	2	3	4	5	6	7	8	9	10	11	12	13	14	15	16
1970年	前31天	16.3	16.9	18.2	16.9	16.1	16.6	17.1	16.4	17.1	18.6	13.3	14.7	16.3	16.8	20.2	20.9
	中30天	20.4	20.5	20.8	20.3	21.4	21.6	21.3	21.3	21.7	21.9	22.6	20.4	20.5	21.3	24.0	23.5
	后31天	23.6	22.5	24.5	24.9	25.4	25.3	25.1	25.6	24.0	26.2	24.9	20.2	19.9	22.8	24.2	23.2
1971年	前31天	19.6	19.8	15.5	15.5	16.0	18.1	18.0	20.1	17.4	17.8	19.5	20.4	21.2	20.0	19.6	21.3
	中30天	23.1	21.6	23.4	25.5	26.2	24.6	20.9	20.4	19.7	20.2	22.0	24.2	24.7	24.1	27.0	29.0
	后31天	24.7	23.6	21.5	22.2	21.4	20.5	22.4	21.7	22.8	23.0	23.5	23.1	23.2	24.6	26.0	24.0
1972年	前31天	11.5	14.5	14.2	13.0	14.0	14.4	15.8	17.2	14.9	15.5	16.3	16.3	16.9	19.2	20.3	21.5
	中30天	17.3	18.4	21.0	20.1	19.7	20.3	19.2	20.3	22.4	22.4	21.9	22.0	23.2	22.7	22.9	25.0
	后31天	25.8	24.7	22.7	22.0	21.0	21.2	21.9	22.6	21.1	22.7	21.7	21.8	23.4	24.9	25.6	25.3
1973年	前31天	23.1	23.3	21.8	21.8	23.0	23.5	21.5	21.7	22.4	20.4	20.6	22.2	22.8	22.5	21.0	17.8
	中30天	23.4	22.6	24.5	22.7	23.6	25.4	24.5	22.4	23.8	25.4	24.7	23.0	24.3	24.7	23.3	25.2
	后31天	25.2	24.2	22.0	20.7	23.3	22.9	21.3	22.1	21.1	21.6	19.0	19.5	20.7	19.2	18.3	19.5
1974年	前31天	18.9	17.9	21.0	16.6	15.0	16.5	16.2	16.1	16.1	16.1	16.0	16.8	17.6	18.2	18.2	16.4
	中30天	16.8	18.5	19.3	20.3	20.4	20.5	21.7	21.2	21.5	21.8	21.8	22.3	24.2	24.5	24.3	24.0
	后31天	23.6	24.4	24.6	24.8	24.8	26.1	24.7	24.4	24.3	23.1	23.7	24.8	23.7	24.1	24.1	22.9
1975年	前31天	18.2	18.5	15.1	14.3	16.1	18.0	17.9	18.3	19.9	20.0	19.8	18.0	16.9	17.8	19.1	19.3
	中30天	20.0	21.5	21.7	22.7	23.7	22.9	22.1	21.6	21.9	21.4	22.5	23.5	22.6	20.9	20.9	21.8
	后31天	22.0	23.4	24.1	23.5	22.7	21.9	22.2	22.4	21.8	23.7	24.9	24.6	24.1	23.8	24.5	26.6
1976年	前31天	8.6	11.2	15.1	12.6	12.1	14.8	17.0	17.0	14.8	13.0	15.6	18.7	18.2	15.3	18.1	18.6
	中30天	18.0	17.4	18.3	19.6	18.5	18.2	19.7	19.7	21.6	21.5	21.1	21.0	19.1	18.1	18.4	18.2
	后31天	20.4	21.8	22.5	21.6	21.7	23.6	21.6	20.8	21.0	22.4	25.2	27.0	24.1	23.3	21.9	22.1
1977年	前31天	17.0	19.1	19.0	17.2	14.9	16.6	19.3	18.3	17.8	18.0	16.2	17.7	19.7	18.1	18.5	18.7
	中30天	18.9	17.5	18.0	19.8	21.9	23.5	24.1	23.1	26.0	22.8	23.3	24.5	23.0	21.1	23.9	24.6
	后31天	24.3	24.4	23.2	21.4	22.6	25.1	25.3	26.1	23.6	24.1	25.3	24.2	23.4	24.3	24.0	23.7
1978年	前31天	14.1	18.2	21.9	21.4	20.1	15.2	14.4	14.7	15.8	15.9	16.5	16.8	16.3	17.5	19.7	19.7
	中30天	20.7	21.4	21.0	22.8	24.5	22.5	22.1	23.4	23.5	24.1	22.6	21.3	22.9	23.8	22.9	24.3
	后31天	24.8	24.2	24.5	25.2	25.5	23.1	22.6	23.3	25.1	24.4	23.2	25.8	26.2	21.9	20.5	21.0
1979年	前31天	19.9	21.2	21.1	19.2	19.4	20.4	21.3	21.5	21.8	22.1	21.8	21.3	17.2	19.4	20.5	22.9
	中30天	21.6	23.1	23.0	24.0	25.1	26.4	26.5	25.5	20.9	20.5	21.9	22.7	21.5	24.1	25.6	24.0
	后31天	22.8	21.3	18.9	21.3	23.0	20.0	14.5	15.8	15.7	17.3	19.6	15.1	14.4	16.3	18.1	19.6

湿球温度统计表

表 4-8

17	18	19	20	21	22	23	24	25	26	27	28	29	30	31	①起止时间
20.4	19.3	18.3	19.2	17.4	18.1	18.2	18.9	18.6	19.3	17.7	16.9	18.2	18.7	19.7	
21.3	21.5	19.8	20.1	20.4	20.5	22.5	23.3	24.2	23.0	23.6	24.8	24.5	24.8		①5.21~8.20
23.0	21.5	23.7	26.8	27.4	25.9	20.3	19.6	20.9	20.9	20.6	20.0	21.2	20.7	22.0	
22.5	21.1	22.8	20.4	19.4	20.7	20.9	20.3	20.8	21.2	19.8	21.4	22.9	20.8	22.0	
27.6	28.1	23.0	23.7	26.3	22.6	21.8	21.4	23.4	25.9	27.0	24.3	25.9	25.7		①5.31~8.30
22.3	21.3	20.2	21.5	22.2	21.4	21.4	20.4	20.7	20.8	20.0	21.4	20.8	21.9	22.2	
21.6	19.7	17.6	16.8	18.1	18.7	19.6	19.6	17.7	18.7	18.2	16.8	19.6	16.8	15.4	
24.7	25.0	20.8	22.0	21.4	21.1	20.7	20.8	21.1	21.9	22.4	22.5	22.7	25.0		①5.19~8.18
24.5	20.9	22.5	23.1	23.0	23.8	23.3	25.7	25.8	23.2	22.4	24.0	24.9	22.0	18.7	
21.7	23.7	25.0	24.8	25.0	25.2	25.7	21.3	20.6	23.4	23.2	22.7	20.2	21.2	22.1	
26.0	26.0	26.4	24.0	25.4	25.0	26.3	25.3	25.4	26.0	24.9	23.3	21.1	23.1		①6.17~9.16
21.2	21.7	20.1	17.9	18.5	18.8	17.2	18.1	17.2	16.8	16.7	16.7	18.2	17.2	17.8	
18.6	19.3	19.1	20.1	20.1	19.8	19.2	16.7	19.2	18.2	17.8	18.6	18.7	20.2	20.9	
21.0	21.8	28.1	21.1	22.6	22.6	24.3	23.9	23.3	24.2	25.3	24.0	24.9	23.7		①5.26~8.25
21.1	21.8	21.7	21.3	21.9	23.2	23.3	24.4	24.3	24.5	23.9	21.8	19.4	19.8	20.7	
19.3	20.0	19.9	20.4	18.8	18.1	18.8	20.1	19.9	21.4	21.7	22.3	21.5	20.1	19.1	
23.3	22.6	22.4	23.7	23.4	24.8	25.6	26.6	25.4	25.1	23.6	20.3	21.2	20.8		①5.26~8.25
26.8	25.2	22.0	23.3	24.3	25.3	25.1	24.0	23.4	24.0	24.2	19.6	20.3	21.1	21.6	
18.1	15.9	18.5	17.6	14.0	14.9	16.1	16.8	18.3	20.0	20.1	15.5	16.1	16.0	16.8	
19.0	22.3	20.3	18.6	18.2	18.6	18.3	19.3	21.1	21.8	20.3	20.2	22.2	21.5		①5.12~8.11
22.8	25.9	24.8	24.1	23.9	21.1	20.8	23.3	22.7	21.9	22.7	22.8	21.7	22.4	24.4	
20.5	19.7	14.7	15.5	18.8	19.1	18.0	19.3	20.7	21.6	21.7	21.2	21.4	21.8	20.6	
23.3	23.1	22.1	23.0	21.6	22.0	23.6	24.7	25.8	24.6	23.8	21.7	22.3	23.1		①5.23~8.22
23.2	22.6	22.9	21.3	21.2	21.8	20.9	20.8	20.8	21.1	21.0	21.2	21.0	20.2	20.9	
18.7	19.0	19.6	20.0	18.9	19.9	18.7	18.0	17.9	19.3	19.4	20.5	20.1	21.3	20.4	
23.3	22.8	23.6	22.4	22.0	23.1	22.7	22.9	22.1	22.0	23.5	23.9	25.0	24.1		①5.24~8.23
22.9	22.7	22.5	20.7	21.6	21.9	20.4	22.3	23.4	21.5	22.3	23.4	23.0	23.3	23.9	
24.1	23.9	22.5	20.0	23.9	22.2	22.8	23.7	24.2	23.8	22.8	21.8	23.0	22.2		
21.9	24.2	27.6	27.0	24.9	22.6	20.4	22.7	20.0	21.7	21.5	20.6	20.1	21.7		①6.21~9.20
17.5	16.5	14.9	15.1	16.6	18.7	19.7	16.0	16.1	15.7	15.3	15.4	16.0	18.4	16.7	

石家庄市平均每年湿球温度超过规定值的天数统计

表4-9

序号	温度区间(℃)	一年中的天数 (d)										合计天数(d)	累计天数(d)	平均每年温度超过规定值的天数(d)
		1970年	1971年	1972年	1973年	1974年	1975年	1976年	1977年	1978年	1979年			
1	28~29		2								1	3	3	0.3
2	27~28	1	1								1	3	6	0.6
3	26~27	2	4		2	1		1	1	4	3	18	24	2.4
4	25~26	5	5	5	12	1	3	2	5	1	5	48	72	7.2
5	24~25	8	7	8	11	19	6	4	10	4	7	89	161	16.1
6	23~24	8	9	7	14	12	8	4	15	9	7	105	266	26.6
7	22~23	6	12	13	13	4	14	10	7	15	15	109	375	37.5
8	21~22	13	19	16	14	13	11	14	17	18	18	151	526	52.6
9	20~21	17	17	10	8	10	16	9	10	11	7	106	632	63.2
10	19~20	8	9	7	3	8	8	6	7	10	9	76	708	70.8
11	18~19	9	1	6	6	8	12	18	7	7	4	70	778	77.8
12	17~18	4	3	4	6	3	6	3	7	5	3	40	818	81.8
13	16~17	9		6	3	10	4	6	3	3	5	47	865	86.5
14	15~16		3	3		1	2	6	1	3	9	27	892	89.2
15	14~15	1		4		1	1	3	2			18	910	91.0
16	13~14	1		1			1	1				3	913	91.3
17	12~13			1				3				4	917	91.7
18	11~12			1				1				2	919	91.9
19	10~11											0	919	91.9
20	9~10											0	919	91.9
21	8~9							1				1	920	92.0

第5章 民用建筑空调制冷机组循环冷却水气象参数整理

5.1 整理方法

《建筑给水排水设计规范》GB 50015—2003 中 3.10.2 指明：冷却塔设计计算所选用的空气干球温度和湿球温度，应与所服务的空调等系统的设计空气干球温度和湿球温度相吻合。下面以北京、沈阳、广州、重庆沙坪坝、（上海市）宝山等基本气象站，西安基准气候站为例对建筑类气象资料整理方法作一简要介绍（表 5-1）。地面气候资料时段除（上海市）宝山为 13 年（1991～2003 年）外，其他均为 33 年（1971～2003 年）。地面气候资料来源：① 夏季室外大气压力通过中国气象科学数据共享服务网从"中国地面国际交换站气候资料月值数据集"中摘录；② 夏季通风室外计算相对湿度、夏季空气调节室外计算干球温度（即气温）经离线服务方式签写"气象资料申请和提供登记表"并签订（公益性使用）气象资料提供和使用协议由中国气象局气象信息中心气象资料室"气象资料共享服务办公室"提供；③ 数据来源于各省、市气候资料处理部门逐月上报的《地面气象记录月报表》的信息化资料。

整理范围包括：夏季室外大气压力，夏季通风室外计算相对湿度，夏季空气调节室外计算干球温度。

1. 夏季室外大气压力

采用"累年最热 3 个月"的月平均大气压力的平均值。累年是指多年（不少于三年），即整编气象资料时所采用的以往一段连续年份的累计。

表 5-2～表 5-7 分别为北京、沈阳、西安、广州、重庆沙坪坝、（上海市）宝山大气压力统计表。为了挑选统计年内最热月，将每年最热 3 个月的月平均大气压力连同月平均最高温度一一列

入表内。再从中挑出累年最热 3 个月，最后求得该最热 3 个月的月平均大气压力的平均值，即为夏季室外大气压力。

表中：①大气压力单位、精度为 0.1hPa（hPa 指百帕）；②数值带字符边框者是挑出的累年最热 3 个月，如 10010-331（框内 10010 指月平均大气压力，331 指月平均最高温度）；③西安选择最热 3 个月时 2000 年有 2 个最热月，剔除最高值 9551-355；④重庆沙坪坝剔除一个最高值 9733-367；⑤（上海市）宝山剔除一个最高值 10051-341；1998 年有 2 个最热月，剔除最高值 10039-335；⑥表列各城市求算最后结果时均力争接近 2005 年出版的《中国建筑热环境分析专用气象数据集》（以下简称《数据集》）中有关数值。

2. 夏季通风室外计算相对湿度

采用"历年最热月"14 时的月平均相对湿度的平均值。

"历年最热月"，是指历年逐月平均气温最高的月份。历年(即逐年)指整编气象资料时，所采用的以往一段连续年份中的每一年。

统计时首先找出历年最热月（7 月），计算这些最热月 14 时的月平均相对湿度，最后对全部统计年 14 时的月平均相对湿度求取平均值，即为夏季通风室外计算相对湿度。

一年内北半球最热月：陆地为 7 月，海洋上为 8 月。

表 5-8～表 5-13 分别为北京、沈阳、西安、广州、重庆沙坪坝、（上海市）宝山最热月 14 时相对湿度统计表。为了统计方便将每年最热月 14 时相对湿度一一列入表内。

表中：相对湿度单位、精度为 1%。

统计方法为：

（1）中国气象局气象信息中心气象资料室→每天 14 点定时相对湿度→（表格处理软件）Excel→（文字处理软件）新建 Word 文档→变蓝·布局·转换为文本·制表符·确定·插入·表格·文本转换成表格·列数 31·确定·开始·剪切→（相对湿度统计表）落光标·粘贴单元格。

（2）中国气象局气象信息中心气象资料室→每天 14 点定时相对湿度→（表格处理软件）Excel→选单元格·自动求和（平均值）·

选择对象·确定。

（3）各年平均值依次写入相对湿度统计表自动求和平均值一栏内，同时遵循留存整数、舍弃小数将各值顺写入终结值一栏内。

（4）求算统计年平均值。

数　据　汇　总

表 5-1

区站号	台站名称	本文整理记录值	数据集记录值	空气调节设计手册 1995 年第二版 1951～1980 年 30 年记录值
54511	北京	59	58	64
54342	沈阳	64	64	64
57036	西安	56	54	55
59287	广州	67	66	67
57516	重庆沙坪坝	62	58	56
58362	（上海市）宝山	(1991～2003 年) 69	69	67

3. 夏季空气调节室外计算干球温度

采用"历年全年"平均不保证 50h/年的干球温度。

表 5-22"设计用建筑类地面气候资料（室外气象参数）统计表"，列的 270 个国家地面气象观测站，其中 134 个为国家基准气候站（简称基准站）每天进行 24 次定时观测；136 个为国家基本气象站（简称基本站）只有一天 4 次定时的观测值。考虑到不同台站之间的比较性，统计干球温度时，宜采用当地气象台站一昼夜 4 次（每天的 2、8、14、20 点）的定时温度记录，以每次记录值代表 6 个小时，按照历年全年室外实际出现的较高的干球温度高于夏季空气调节室外计算干球温度的时间，平均每年不超过 50h 的原则确定。

气象资料表明，每天最高温度一般出现在地方时午后 2～4 时，故取值时间范围应着眼于当地午后 2 点～4 点以至 2 点前、4 点后一段时间。而最高温度出现的时间可以根据已知的 4 个时次（14点）的数据信息来确定。

表 5-14～表 5-19 分别为北京、沈阳、西安、广州、重庆沙坪坝不能保证的干球温度由大到小 33 个统计年排序列表和（上海市）宝山不能保证的干球温度由大到小 13 个统计年排序列表。表中：干

北京大气压力统计表

表5-2

最热3个月		1971年	1972年	1973年	1974年	1975年	1976年	1977年	1978年	1979年	1980年	1981年
气压	6	9993-298	9990-328	10021-280	10000-298	10007-302	10017-285	10000-282	10000-312	10013-280	10015-299	9991-314
-	7	9972-300	9981-329	10004-292	9990-296	9993-316	10016-278	9997-304	10001-304	10000-297	9998-315	9984-323
高温	8	10038-290	10029-290	10045-288	10021-296	10046-300	10046-279	10031-291	10032-287	10036-281	10045-288	9987-299

最热3个月		1982年	1983年	1984年	1985年	1986年	1987年	1988年	1989年	1990年	1991年	1992年
气压	6	10011-298	9990-314	9973-304	9992-297	9989-307	10010-288	9983-305	9999-302	9977-301	9983-294	10009-294
-	7	9980-299	9956-327	9969-322	9972-303	9983-292	9962-317	9983-305	9998-300	9956-300	9956-304	9985-316
高温	8	10012-307	10018-297	10008-303	9999-295	10006-298	9989-301	10020-286	10025-300	10006-302	10019-318	10029-292

最热3个月		1993年	1994年	1995年	1996年	1997年	1998年	1999年	2000年	2001年	2002年	2003年
气压	6	9971-314	9989-323	9986-296	9982-309	10027-308	10009-294	10017-316	10018-332	9998-308	10020-285	10008-304
-	7	9971-297	9966-328	9976-304	9990-299	10010-331	9988-308	10003-331	9984-345	10000-323	9997-327	10004-310
高温	8	10010-302	10016-312	10020-297	10037-282	10030-316	10025-299	10038-307	10040-302	10056-305	10044-306	10040-317

注: 最热3个月的月平均大气压力的平均值（即夏季室外大气压力）：0.1×（10010＋10003＋9984)÷3 ＝ 999.9hPa（99990Pa→数据集99987Pa）

46

表 5-3

最热3个月		1971年	1972年	1973年	1974年	1975年	1976年	1977年	1978年	1979年	1980年	1981年
6	气压	9996-274	9994-268	10027-259	9992-256	10009-273	10022-250	9997-267	9998-284	10016-267	10008-281	10006-288
7		9971-284	9987-308	10008-295	10003-296	9993-286	10020-273	10001-301	10007-301	10002-282	9996-288	10001-300
8	高温	10029-275	10020-265	10049-282	10020-283	10043-288	10042-270	10028-281	10031-281	10035-279	10039-279	9996-282

最热3个月		1982年	1983年	1984年	1985年	1986年	1987年	1988年	1989年	1990年	1991年	1992年
6	气压	10030-279	9992-268	10019-266	10005-271	10005-271	10025-264	10001-284	10023-260	9996-265	9993-262	10021-251
7		10001-294	9978-280	9985-295	9989-283	10005-273	9981-290	10004-297	10027-281	9979-285	9967-275	9995-288
8	高温	10027-297	10039-291	10025-289	10018-281	10013-266	10005-281	10027-286	10041-293	10017-291	10029-298	10042-277

最热3个月		1993年	1994年	1995年	1996年	1997年	1998年	1999年	2000年	2001年	2002年	2003年
6	气压	9988-263	10007-292	10003-266	9994-277	10005-286	10004-263	10007-276	9998-308	9988-293	10009-264	9992-270
7		9998-279	9987-307	9990-270	10007-277	9998-319	9981-285	9988-310	9970-313	9985-302	9981-303	9997-280
8	高温	10021-280	10035-294	10028-284	10046-272	10012-303	10003-276	10025-286	10023-296	10041-286	10028-280	10028-287

注：最热 3 个月的月平均大气压力的平均值（即夏季室外大气压力）：0.1×（9998＋9988＋9970）÷3 ＝ 998.5hPa（99850Pa→数据集 99850Pa）

西安大气压力统计表

表 5-4

最热3个月		1971年	1972年	1973年	1974年	1975年	1976年	1977年	1978年	1979年	1980年	1981年
气压	6	9589-300	9592-336	9595-326	9599-309	9591-314	9602-308	9591-321	9603-326	9608-336	9616-301	9592-333
高温	7	9551-355	9574-314	9588-322	9562-337	9577-316	9584-330	9573-330	9589-302	9591-312	9600-295	9582-314
高温	8	9601-319	9606-322	9616-333	9608-310	9608-325	9629-273	9606-314	9602-335	9612-312	9622-298	9593-285

最热3个月		1982年	1983年	1984年	1985年	1986年	1987年	1988年	1989年	1990年	1991年	1992年
气压	6	9611-320	9617-286	9590-293	9602-302	9591-306	9614-271	9588-325	9604-307	9600-313	9598-310	9615-294
高温	7	9580-316	9588-289	9586-287	9581-333	9593-325	9579-320	9585-299	9596-310	9567-328	[9562-349]	9593-328
高温	8	9617-280	9625-290	9611-308	9598-318	9613-314	9603-310	9610-293	9625-287	9619-307	9624-300	9618-304

最热3个月		1993年	1994年	1995年	1996年	1997年	1998年	1999年	2000年	2001年	2002年	2003年
气压	6	9597-312	9599-304	9586-341	9604-308	9603-343	9596-331	9604-296	9601-301	9589-327	9582-338	9592-329
高温	7	9577-309	9571-338	[9570-346]	9580-321	9586-344	9580-319	9583-316	9571-332	[9579-353]	9582-346	9583-316
高温	8	9625-294	9606-335	9618-308	9618-304	9608-346	9625-298	9610-319	9619-295	9629-306	9625-319	9628-272

注：最热 3 个月的月平均大气压力的平均值（即夏季室外大气压力）：0.1×(9562+9570+9579)÷3=957.03hPa(95703Pa→数据集 95707Pa)。

48

表5-5

广州大气压力统计表

最热3个月		1971年	1972年	1973年	1974年	1975年	1976年	1977年	1978年	1979年	1980年	1981年
气压	6	10054-312	10049-314	10048-311	10037-308	10048-312	10047-305	10046-320	10050-312	10073-305	10090-316	10047-309
-	7	10043-329	10000-331	10041-320	10050-322	10058-325	10046-316	10038-325	10038-329	10049-335	10049-331	10049-315
高温	8	10068-320	10043-318	10048-315	10030-330	10019-320	10060-319	10039-327	10023-323	10033-319	10058-329	10030-333

最热3个月		1982年	1983年	1984年	1985年	1986年	1987年	1988年	1989年	1990年	1991年	1992年
气压	6	10058-307	10060-318	10030-318	10013-313	10038-312	10053-312	10051-328	10069-315	10033-322	10049-323	10057-311
-	7	10034-328	10062-335	10049-332	10057-324	10049-328	10044-324	10054-336	10051-336	10042-337	10039-332	10070-328
高温	8	10046-325	10060-330	10013-326	10017-323	10035-340	10076-328	10061-319	10039-340	10021-351	10037-333	10037-342

最热3个月		1993年	1994年	1995年	1996年	1997年	1998年	1999年	2000年	2001年	2002年	2003年
气压	6	10051-315	10046-310	10048-325	10036-318	10013-304	10021-311	10009-329	10026-324	10011-309	10014-331	10011-315
-	7	10047-336	10019-322	10050-330	10003-326	10018-315	10025-334	9986-333	9994-333	9994-324	9982-325	10029-349
高温	8	10052-333	10043-324	10065-318	10015-318	9993-323	10038-338	10007-319	10002-324	10011-334	10006-330	10006-338

注:最热3个月的月平均大气压力的平均值(即夏季室外大气压力):0.1×(10021+10037+10029)÷3=1002.9hPa(100290Pa≈100287Pa)→数据集

表 5-6

重庆沙坪坝大气压力统计表

最热3个月		1971年	1972年	1973年	1974年	1975年	1976年	1977年	1978年	1979年	1980年	1981年
气压	6	9731-299	9741-311	9744-291	9746-295	9736-286	9749-284	9742-288	9751-298	9767-295	9760-303	9742-302
-	7	9708-366	9697-345	9725-337	9710-336	9715-340	9734-311	9708-335	9717-348	9720-333	9732-320	9715-338
高温	8	9740-361	9733-367	9755-357	9744-302	9737-355	9740-365	9747-327	9739-361	9740-330	9762-294	9711-338

最热3个月		1982年	1983年	1984年	1985年	1986年	1987年	1988年	1989年	1990年	1991年	1992年
气压	6	9771-271	9757-283	9727-310	9750-275	9733-297	9743-286	9738-307	9752-285	9744-299	9733-308	9751-292
-	7	9720-305	9720-311	9712-325	9735-323	9739-320	9725-309	9712-338	9733-327	9710-340	9718-321	9742-327
高温	8	9732-331	9760-323	9744-325	9728-354	9762-324	9749-327	9744-322	9747-331	9738-357	9758-316	9750-348

最热3个月		1993年	1994年	1995年	1996年	1997年	1998年	1999年	2000年	2001年	2002年	2003年
气压	6	9744-304	9745-299	9734-297	9749-302	9760-287	9748-288	9743-288	9742-291	9749-280	9737-299	9747-290
-	7	9717-312	9720-342	9717-328	9716-321	9729-324	9708-326	9719-315	9715-331	9719-360	9727-334	9725-329
高温	8	9762-289	9734-364	9742-336	9742-351	9740-367	9752-312	9754-326	9753-309	9769-320	9770-315	9743-341

注：最热3个月的月平均大气压力的平均值(即夏季室外大气压力)：0.1×(9708+9740+9740)÷3=972.93hPa(97293Pa→数据集 97310Pa)

表 5-7

（上海市）宝山大气压力统计表

最热3个月		1991年	1992年	1993年	1994年	1995年	1996年	1997年
	6	10063-275	10076-258	10054-284	10072-275	10054-262	10061-280	10069-284
气压-高温	7	10040-314	10068-319	10043-297	10049-337	10054-318	10057-305	10060-309
	8	10061-297	10065-298	10071-291	10063-319	10075-331	10071-312	10056-305

最热3个月		1998年	1999年	2000年	2001年	2002年	2003年
	6	10066-267	10066-248	10066-280	10061-272	10052-285	10056-283
气压-高温	7	10039-335	10036-279	10043-323	10050-333	10023-309	10051-341
	8	10073-333	10052-299	10055-312	10077-299	10062-304	10060-329

注：最热3个月的月平均大气压力的平均值（即夏季室外大气压力）：$0.1 \times (10049+10073+10050) \div 3 = 1005.73hPa(100573Pa)$→数据集100573Pa)

年份	1	2	3	4	5	6	7	8	9	10	11	12	13	14	15	16	17	18
1971 年	69	76	75	66	79	78	35	40	74	56	61	71	85	46	63	83	75	76
1972 年	48	33	47	41	31	33	53	24	33	40	32	30	22	34	53	29	28	59
1973 年	76	94	84	86	72	69	70	73	70	83	58	86	37	57	75	65	67	73
1974 年	62	48	48	65	54	83	77	65	41	48	62	66	64	75	79	78	62	62
1975 年	76	91	52	71	65	49	52	85	76	48	34	36	49	68	57	60	46	56
1976 年	82	67	65	68	67	59	65	77	67	65	75	74	73	63	85	73	64	84
1977 年	75	84	56	67	75	96	74	39	34	39	44	44	56	50	55	55	58	54
1978 年	62	71	62	49	38	53	48	50	56	53	63	61	96	57	75	40	46	39
1979 年	58	63	79	45	41	56	64	57	67	76	64	96	75	68	33	59	64	99
1980 年	80	69	70	49	42	49	36	54	41	51	55	59	54	46	75	69	74	72
1981 年	50	51	90	73	37	53	90	38	29	29	46	43	48	57	86	65	79	60
1982 年	57	37	66	61	60	53	56	55	95	57	29	54	58	66	36	22	31	57
1983 年	79	73	37	34	36	42	51	40	56	42	51	60	95	39	28	33	40	37
1984 年	93	49	43	49	34	44	55	56	69	83	95	71	42	24	30	33	44	41
1985 年	44	97	65	62	53	64	61	55	71	58	72	60	50	63	93	69	33	43
1986 年	60	59	60	66	70	72	65	64	74	61	44	57	85	56	51	62	60	60
1987 年	66	75	56	54	65	43	55	50	65	67	33	47	48	51	79	41	47	46
1988 年	83	49	46	56	67	68	94	83	50	57	50	55	55	55	92	67	84	66
1989 年	42	54	60	76	93	67	74	23	21	35	24	23	51	64	58	61	94	71
1990 年	87	62	54	89	67	78	53	37	45	65	64	65	82	77	82	65	67	78
1991 年	32	30	51	60	57	64	62	70	70	43	75	65	77	67	74	70	78	76
1992 年	23	29	38	33	43	37	28	43	47	62	49	56	55	73	74	63	48	27
1993 年	33	48	51	50	76	56	69	63	87	66	53	81	34	38	73	53	58	55
1994 年	26	27	96	61	61	61	92	86	69	68	67	94	58	45	57	50	45	67
1995 年	65	42	43	37	47	55	49	44	41	41	69	53	94	97	64	61	92	91
1996 年	25	36	55	57	45	34	46	70	93	92	70	60	61	68	60	57	71	61
1997 年	56	63	89	23	25	26	34	28	32	52	42	42	29	31	47	84	50	35
1998 年	76	58	55	80	68	67	31	48	78	60	79	72	86	64	51	67	79	64
1999 年	26	21	40	32	60	74	80	72	43	61	89	95	62	57	42	35	35	42
2000 年	25	28	69	94	74	62	52	52	53	57	52	41	43	41	62	74	61	57
2001 年	62	68	75	42	45	39	38	50	56	38	18	24	46	46	43	41	36	43
2002 年	82	60	59	81	54	34	29	31	43	54	47	48	27	16	30	43	64
2003 年	36	57	51	40	27	88	57	31	34	40	40	69	49	70	45	45	67	53

统计年平均：33 年 ϕ ＝〔(72＋47＋69＋68＋58＋73＋66＋64＋69＋59＋58＋58＋51＋53＋

＝〔1975÷33〕%＝59%

52

相对湿度统计表　　　　　　　　　　　　　　　　　　　表 5-8

19	20	21	22	23	24	25	26	27	28	29	30	31	月平均	
													自动求和平均值	终结值
92	80	65	77	72	90	98	89	80	72	72	63	75	72.03226	72
61	74	40	46	49	38	42	49	98	82	83	74	69	47.58065	47
81	66	67	64	71	59	83	70	71	69	57	51	43	69.25806	69
61	60	60	77	88	72	84	78	89	73	75	68	90	68.19355	68
64	55	56	77	29	37	45	44	49	60	96	67	56	58.25806	58
94	96	82	74	86	81	57	78	61	93	77	73	49	73.35484	73
56	86	78	82	93	70	52	94	87	75	88	82	71	66.74194	66
53	77	72	71	90	87	93	71	84	77	69	67	73	64.6129	64
88	60	77	79	74	87	74	73	93	57	75	59	79	69	69
43	65	71	44	52	86	62	55	66	62	62	61	56	59.03226	59
63	64	60	59	57	60	74	56	64	47	56	56	58	58	58
62	62	60	66	64	82	94	60	52	52	75	64	85	58.96774	58
56	47	23	38	38	63	73	63	52	87	56	89	37	51.45161	51
39	53	50	63	56	42	49	61	52	53	58	55	63	53.19355	53
55	61	51	56	67	90	66	60	59	75	81	76	63	63.64516	63
65	73	74	57	70	66	86	66	69	81	79	48	54	64.96774	64
64	83	71	35	36	51	59	52	60	57	68	63	55	56.19355	56
70	72	65	28	82	84	62	59	62	54	80	79	76	66.12903	66
62	67	91	89	91	33	36	29	29	41	50	63	52	55.6129	55
59	62	69	66	64	47	70	71	66	77	72	67	67	66.90323	66
75	77	93	39	46	54	44	42	93	97	62	41	38	62	62
44	72	57	41	87	70	92	48	50	75	47	47	55	52.03226	52
65	62	55	56	84	79	84	68	67	54	56	63	81	61.87097	61
61	55	59	70	66	70	53	72	80	42	34	52	56	61.29032	61
70	51	49	59	66	33	83	43	64	93	88	46	76	61.48387	61
64	71	33	51	74	57	71	62	82	72	71	78	82	62.22581	62
97	69	82	62	69	61	53	55	69	79	74	75	85	55.41935	55
27	34	53	65	78	64	73	85	77	95	67	67	68	65.67742	65
49	74	60	59	43	26	30	42	54	47	45	65	63	53.35484	53
71	70	39	19	17	20	31	59	65	13	20	28	18	47.32258	47
73	61	91	67	76	75	66	33	74	48	68	56	54	53.29032	53
52	59	48	80	45	48	43	34	66	92	81	70	70	51.77419	51
39	67	67	63	82	84	81	97	92	28	43	68	61	57.12903	57

63＋64＋56＋66＋55＋66＋62＋52＋61＋61＋61＋62＋55＋65＋53＋47＋53＋51＋57)÷33]％

年份	1	2	3	4	5	6	7	8	9	10	11	12	13	14	15	16	17	18
1971 年	68	73	71	70	74	84	70	56	41	68	72	60	63	78	65	63	48	43
1972 年	45	54	45	67	50	88	49	30	31	25	38	47	38	38	57	51	50	54
1973 年	58	68	56	54	92	76	68	61	71	76	38	68	68	60	91	80	87	70
1974 年	44	48	45	45	52	56	65	75	85	90	66	68	67	67	49	69	68	68
1975 年	57	90	74	65	53	48	50	87	95	68	51	66	59	82	62	69	63	64
1976 年	61	55	63	54	45	46	48	51	53	75	92	72	73	72	70	95	82	68
1977 年	68	52	90	68	69	78	91	72	52	50	51	41	56	60	96	51	56	55
1978 年	51	95	65	39	84	58	52	74	60	61	70	53	78	75	54	51	42	38
1979 年	58	49	49	38	40	45	66	61	58	60	67	82	83	80	72	91	65	67
1980 年	63	69	69	93	65	60	60	50	66	68	51	47	56	66	48	51	71	61
1981 年	52	62	56	91	61	66	61	91	63	62	42	50	49	91	66	72	68	67
1982 年	50	52	48	43	40	36	44	36	45	91	34	37	47	60	65	45	47	62
1983 年	72	91	83	89	67	66	60	62	68	64	60	93	64	86	68	49	58	56
1984 年	58	82	54	37	60	63	94	73	74	61	64	91	39	52	68	57	46	41
1985 年	51	52	93	68	68	68	64	63	93	62	70	50	40	42	73	71	94	77
1986 年	57	42	55	52	66	70	51	64	56	78	82	70	74	76	73	64	75	68
1987 年	31	74	62	69	71	53	49	89	38	94	63	64	91	48	40	64	55	60
1988 年	93	65	43	61	52	97	79	69	56	52	57	57	72	78	58	66	67	81
1989 年	51	63	55	56	52	54	69	70	68	78	62	51	49	69	66	72	77	85
1990 年	71	65	69	60	62	78	89	56	69	80	71	67	61	78	61	83	88	84
1991 年	49	66	60	64	73	66	72	89	60	70	51	61	92	96	71	71	66	54
1992 年	68	63	68	52	43	41	36	27	46	61	63	60	59	60	62	63	88	55
1993 年	57	57	60	63	68	69	62	52	55	91	63	69	63	73	65	61	68	74
1994 年	74	40	55	83	63	70	65	95	84	83	85	88	71	67	83	64	69	77
1995 年	51	92	53	64	73	60	62	65	65	58	67	95	60	82	94	63	71	59
1996 年	62	55	45	75	52	75	64	76	73	50	58	58	74	70	63	64	65	82
1997 年	59	49	95	46	41	59	40	41	43	41	40	36	39	50	73	42	40	36
1998 年	80	60	55	53	85	84	78	51	65	66	51	58	82	95	81	88	69	89
1999 年	49	31	32	45	53	51	53	87	77	69	50	63	50	58	43	69	70	95
2000 年	58	51	51	55	60	41	43	36	49	47	89	50	58	52	60	81	77	78
2001 年	75	87	71	95	53	46	50	58	90	60	63	52	47	45	58	44	51	55
2002 年	43	54	53	53	54	46	48	40	52	45	62	55	68	64	72	57	56	50
2003 年	37	50	47	61	42	26	48	79	56	57	37	54	50	40	67	55	58	84

统计年平均：33 年 ϕ＝［（67＋53＋70＋63＋67＋69＋66＋61＋65＋63＋67＋52＋68＋60＋

＝［2116÷33］%＝64%

相对湿度统计表　　　　　　　　　　　　　　　　　　　　　　　　表 5-9

19	20	21	22	23	24	25	26	27	28	29	30	31	月平均	
													自动求和平均值	终结值
56	75	91	50	46	83	83	95	79	81	69	68	60	67.83871	67
63	48	60	49	59	76	58	71	63	67	61	57	55	53.03226	53
84	75	78	62	63	65	68	91	68	74	74	65	70	70.29032	70
65	60	94	64	45	50	58	85	66	71	66	60	67	63.80645	63
74	71	52	85	62	47	46	57	58	66	79	88	94	67.16129	67
66	67	91	79	67	81	83	78	62	60	90	78	65	69.09677	69
50	57	74	74	83	93	45	66	74	64	58	76	89	66.41935	66
53	57	56	54	57	60	76	68	63	54	69	52	93	61.67742	61
58	71	67	60	67	62	90	65	70	91	70	65	76	65.90323	65
70	67	62	60	58	55	74	77	68	87	59	61	56	63.48387	63
83	91	86	69	69	71	64	51	74	82	69	47	65	67.45161	67
48	62	53	54	42	41	56	72	71	83	64	56	58	52.96774	52
88	67	66	56	56	49	53	60	73	77	75	74	64	68.19355	68
43	51	55	50	65	56	42	92	72	67	55	62	66	60.96774	60
54	92	75	72	79	74	97	88	67	61	69	75	69	70.03226	70
62	63	67	72	79	60	82	68	72	73	74	86	88	68.35484	68
64	76	68	57	82	52	54	60	68	64	58	44	48	61.6129	61
63	56	62	91	56	69	63	68	66	48	59	63	61	65.41935	65
78	75	78	83	95	77	57	49	44	39	54	43	31	62.90323	62
62	65	84	69	89	71	47	64	88	78	63	65	73	71.29032	71
74	57	80	82	70	63	59	82	73	75	96	87	64	70.74194	70
55	85	91	45	58	83	77	65	65	75	81	70	59	62.06452	62
63	81	63	61	62	79	81	71	87	82	65	64	67	67.6129	67
73	71	74	62	63	48	62	56	65	64	57	58	66	68.87097	68
60	64	61	54	71	58	98	98	74	69	96	97	73	71.19355	71
87	71	72	81	91	89	76	68	66	84	96	69	69	70.32258	70
44	84	65	65	66	57	65	69	49	47	52	68	55	53.41935	53
85	67	77	74	70	61	66	61	60	61	64	61	61	69.6129	69
76	64	66	58	71	56	78	61	61	64	53	89	37	60.6129	60
58	68	70	35	39	37	36	62	86	74	67	54	44	56.96774	56
59	59	68	65	62	55	81	52	63	91	62	60	66	62.87097	62
59	84	69	84	71	66	51	60	55	52	92	66	73	59.77419	59
80	66	66	67	70	74	59	70	92	77	67	69	94	61.25806	61

70＋68＋61＋65＋62＋71＋70＋62＋67＋68＋71＋70＋53＋69＋60＋56＋62＋59＋61)÷33]％

西安最热月 14时

年份	1	2	3	4	5	6	7	8	9	10	11	12	13	14	15	16	17	18
1971年	36	43	41	42	48	34	66	80	88	60	54	69	78	69	40	33	39	32
1972年	61	53	75	38	38	72	75	75	91	89	61	57	58	58	49	45	47	47
1973年	88	52	51	58	56	48	42	39	46	43	44	58	52	83	59	57	46	54
1974年	64	56	65	71	52	60	73	58	38	43	61	27	34	50	30	30	33	42
1975年	60	69	85	87	48	38	64	98	96	62	55	45	41	54	51	44	31	53
1976年	66	47	36	50	42	42	53	44	37	37	35	41	35	95	57	57	53	67
1977年	43	72	49	54	50	71	53	58	57	94	73	49	39	51	41	45	53	58
1978年	78	68	61	94	65	63	54	49	54	65	84	66	87	62	87	68	66	65
1979年	63	71	66	100	82	59	56	97	56	43	95	61	54	57	68	50	39	61
1980年	94	93	89	54	45	42	71	51	78	92	75	75	61	52	92	71	67	61
1981年	40	69	91	82	83	79	70	76	95	97	73	54	89	93	78	67	68	63
1982年	36	33	43	43	42	39	35	87	56	74	21	94	70	60	43	46	50	42
1983年	47	34	51	41	58	57	36	36	44	64	84	77	91	59	49	44	49	96
1984年	64	82	66	76	96	94	69	71	77	78	71	95	90	72	45	57	93	83
1985年	74	61	38	33	45	40	40	45	30	75	87	56	54	45	62	75	44	40
1986年	71	93	84	57	41	41	37	37	97	74	70	51	75	51	54	44	32	45
1987年	33	50	56	45	40	34	35	45	63	67	72	48	40	49	46	48	90	95
1988年	85	45	94	98	88	80	83	82	83	83	63	66	64	58	52	64	57	50
1989年	51	40	29	56	85	81	86	55	77	89	44	46	55	57	56	89	47	50
1990年	75	60	55	55	88	90	43	56	49	56	54	60	48	49	36	65	51	31
1991年	33	32	33	43	57	51	61	46	32	40	33	39	42	44	59	45	54	43
1992年	33	30	23	32	36	40	30	33	42	48	51	67	92	97	94	61	53	50
1993年	52	52	43	44	53	77	36	30	32	75	50	44	95	87	74	50	50	53
1994年	49	54	37	33	38	70	60	71	56	61	92	62	47	59	58	57	55	49
1995年	32	18	23	24	23	24	37	46	36	43	36	41	45	44	90	58	58	53
1996年	29	39	89	58	53	50	51	95	81	45	60	62	63	65	60	72	61	60
1997年	54	50	66	97	94	54	27	43	46	45	43	75	47	39	38	37	59	90
1998年	84	47	43	37	67	61	93	92	86	95	70	69	71	70	66	63	45	46
1999年	53	28	75	95	93	93	74	56	59	56	70	68	73	75	76	52	45	52
2000年	48	56	96	64	61	63	58	83	50	52	72	82	59	65	66	59	48	55
2001年	27	38	41	38	34	30	38	36	31	62	56	37	37	43	41	35	37	36
2002年	48	48	58	51	73	56	45	38	35	36	35	28	32	34	48	77	40	23
2003年	86	63	73	46	43	47	48	59	72	51	55	83	92	76	92	88	63	45

统计年平均:33年 φ＝[(48＋60＋56＋50＋61＋49＋57＋68＋63＋65＋64＋55＋65＋73＋51＋
＝[1879÷33]%＝56%

相对湿度统计表　　　　　　　　　　　　　　　　　　　　　　　　　　　表 5-10

19	20	21	22	23	24	25	26	27	28	29	30	31	月平均	
													自动求和平均值	终结值
32	49	40	51	51	47	36	47	37	35	45	40	40	48.45161	48
34	87	70	94	79	60	49	53	40	47	41	62	62	60.22581	60
62	40	56	43	45	50	69	67	55	81	67	79	72	56.83871	56
47	45	43	55	48	44	55	49	59	60	62	55	55	50.45161	50
50	50	55	50	52	64	77	95	81	77	66	56	50	61.41935	61
73	55	46	46	43	38	49	57	46	32	42	59	63	49.77419	49
45	46	50	51	53	43	83	77	72	58	82	56	64	57.74194	57
63	60	72	73	74	72	66	69	65	81	79	66	52	68.64516	68
39	46	44	66	60	75	73	52	65	58	58	71	95	63.87097	63
55	51	45	39	42	39	65	48	66	80	96	69	64	65.22581	65
38	35	43	52	53	48	49	53	46	54	68	48	48	64.58065	64
46	53	83	81	69	40	31	46	30	54	93	76	95	55.19355	55
96	96	86	69	64	59	66	60	59	94	75	97	95	65.58065	65
71	68	62	71	75	81	95	58	60	64	61	70	65	73.54839	73
41	42	48	49	50	56	43	39	43	60	63	61	61	51.6129	51
45	51	45	44	39	36	42	44	48	50	43	69	50	53.54839	53
78	69	61	34	38	39	41	46	60	72	60	50	42	53.09677	53
60	74	61	66	63	84	69	64	64	97	83	82	75	72.16129	72
67	60	45	54	69	49	95	82	62	47	46	55	60	60.12903	60
36	69	61	85	76	46	57	60	54	66	60	67	65	58.80645	58
47	48	44	39	40	45	58	63	54	91	54	36	49	46.93548	46
55	59	50	54	34	51	35	47	52	55	42	43	52	49.70968	49
58	49	94	94	68	74	63	63	65	65	67	47	56	60	60
50	46	33	48	48	50	45	34	49	54	43	43	45	51.48387	51
55	48	53	50	52	95	66	73	56	53	41	50	58	47.77419	47
61	57	52	55	46	40	53	69	61	48	40	85	62	58.77419	58
56	47	33	46	45	42	40	39	37	48	47	48	50	51.03226	51
59	43	52	63	65	70	56	56	76	57	61	62	68	64.29032	64
53	52	67	60	58	63	54	52	53	62	56	53	47	62.03226	62
52	51	43	42	59	60	55	60	58	41	55	22	24	56.74194	56
39	41	49	50	46	74	49	53	86	59	87	60	48	46.3871	46
24	37	89	60	52	48	37	77	70	60	54	49	44	48.58065	48
37	64	58	58	60	59	40	42	62	53	60	43	48	60.19355	60

53＋53＋72＋60＋58＋46＋49＋60＋51＋47＋58＋51＋64＋62＋56＋46＋48＋60）÷33]％

年份	1	2	3	4	5	6	7	8	9	10	11	12	13	14	15	16	17	18
1971年	89	76	72	61	63	92	82	78	74	66	59	95	68	66	61	58	78	85
1972年	61	67	64	66	68	66	58	60	65	54	50	58	59	46	46	65	55	58
1973年	70	62	66	86	71	65	94	97	91	75	95	70	68	62	59	68	88	63
1974年	63	67	65	70	67	65	64	59	66	61	66	75	77	84	70	67	69	97
1975年	64	62	56	57	59	60	67	63	69	64	61	93	87	90	89	71	95	64
1976年	76	96	87	58	86	97	79	69	72	85	76	75	63	59	57	63	59	52
1977年	72	79	74	66	73	90	92	69	65	65	61	62	62	63	89	61	62	59
1978年	91	68	72	63	63	57	62	56	55	56	57	58	52	51	57	58	57	54
1979年	79	76	75	61	57	69	69	59	58	66	66	69	62	60	59	64	58	60
1980年	61	54	61	62	75	58	68	60	53	55	63	74	90	96	75	63	61	61
1981年	88	76	92	75	60	59	85	92	85	74	68	60	58	59	57	59	58	81
1982年	76	76	94	89	75	92	78	71	64	63	64	57	70	59	60	53	63	75
1983年	62	61	63	59	56	61	63	56	68	69	59	57	64	72	59	54	85	83
1984年	67	69	62	77	84	66	60	70	84	78	79	59	62	61	62	54	54	55
1985年	62	66	96	81	72	57	57	78	87	77	59	59	83	60	59	58	52	72
1986年	66	67	90	74	74	71	65	96	63	57	60	97	96	85	60	63	63	60
1987年	60	60	66	83	66	71	71	71	76	68	58	54	56	56	64	74	65	91
1988年	63	58	55	63	73	58	61	52	55	75	96	80	93	69	72	60	50	56
1989年	58	64	63	55	51	44	51	51	54	77	61	74	56	59	54	49	55	81
1990年	89	94	70	84	65	60	57	56	50	54	54	90	94	81	64	57	56	56
1991年	64	82	70	77	68	64	55	56	56	56	49	56	94	72	62	63	60	62
1992年	66	70	61	93	73	68	84	64	93	69	54	53	53	57	52	50	59	95
1993年	62	64	61	61	76	62	63	65	86	75	66	60	73	72	57	62	60	60
1994年	56	72	54	82	94	77	74	92	62	50	50	65	89	67	86	61	80	60
1995年	84	83	95	71	62	63	70	55	73	57	52	92	81	73	95	73	57	56
1996年	88	61	82	64	61	54	55	60	57	56	79	76	73	74	62	56	69	74
1997年	98	97	98	86	81	88	84	86	79	78	91	70	59	61	67	95	96	91
1998年	63	93	96	84	93	97	64	72	93	69	65	82	72	79	62	63	62	61
1999年	57	58	85	67	73	72	62	75	92	78	93	69	69	64	80	80	66	65
2000年	60	53	60	55	53	73	58	62	55	71	83	60	54	60	49	54	97	88
2001年	77	94	67	55	53	97	82	67	59	57	57	60	78	69	96	68	94	69
2002年	94	89	67	57	56	61	65	65	54	55	69	62	52	53	51	85	76	72
2003年	55	52	54	55	53	53	56	54	56	48	62	65	53	38	51	54	55	60

统计年平均：33 年 ϕ ＝[（70＋63＋74＋69＋67＋72＋71＋64＋63＋68＋75＋67＋65＋62＋69
＝ ［2229÷33］%＝67%

相对湿度统计表 表 5-11

19	20	21	22	23	24	25	26	27	28	29	30	31	月平均	
													自动求和平均值	终结值
61	57	53	72	74	71	62	65	88	69	71	66	64	70.83871	70
59	64	65	60	66	69	75	63	81	63	68	84	86	63.51613	63
68	62	79	67	93	88	74	84	68	71	64	68	60	74.06452	74
82	77	58	95	83	79	80	65	59	62	59	57	61	69.96774	69
59	68	74	65	61	73	63	58	64	54	62	57	58	67.32258	67
60	58	51	52	65	67	82	95	97	82	90	63	69	72.25806	72
55	92	81	67	66	63	62	65	88	75	73	86	72	71.25806	71
76	59	53	58	68	63	60	82	84	70	83	85	84	64.90323	64
61	62	55	54	57	55	52	53	64	57	52	95	74	63.16129	63
65	65	50	78	95	64	62	61	68	92	93	66	64	68.16129	68
62	63	82	89	90	82	92	91	92	95	73	65	66	75.09677	75
71	59	63	78	60	59	63	55	57	48	42	51	92	67	67
81	61	59	56	57	57	57	95	80	76	69	65	74	65.74194	65
58	55	58	55	58	60	55	55	54	54	57	55	60	62.48387	62
89	95	85	78	58	61	55	75	73	70	69	59	67	69.96774	69
92	93	88	71	60	62	61	56	56	57	51	58	47	69.64516	69
73	65	61	73	78	96	87	87	64	91	92	96	96	73.19355	73
63	78	67	69	60	59	58	60	66	97	70	77	58	66.80645	66
66	58	58	60	70	86	62	62	60	89	71	67	58	62.03226	62
58	56	60	60	77	63	58	49	50	64	56	45	90	65.06452	65
53	94	91	78	51	92	66	64	60	65	65	62	84	67.45161	67
66	67	48	63	70	63	58	52	57	56	56	56	57	63.96774	63
58	81	68	60	53	58	60	59	61	60	62	57	69	64.22581	64
58	55	74	92	81	94	74	65	93	69	76	59	61	71.67742	71
51	56	51	52	56	66	63	90	90	72	60	53	54	67.93548	67
68	67	68	68	77	91	60	51	85	77	85	88	61	69.25806	69
92	67	66	59	48	66	68	75	60	54	52	59	60	75.19355	75
57	59	65	61	59	60	91	67	57	60	57	59	53	70.16129	70
61	62	62	65	61	63	93	62	63	50	57	60	70	68.83871	68
82	79	92	78	65	55	57	60	58	61	59	60	79	65.48387	65
61	65	89	84	62	52	88	72	78	61	57	56	64	70.58065	70
84	91	83	74	77	67	68	90	82	76	67	75	77	70.77419	70
48	63	95	59	50	61	72	61	53	55	49	59	57	56.64516	56

＋69＋73＋66＋62＋65＋67＋63＋64＋71＋67＋69＋75＋70＋68＋65＋70＋70＋56)÷33]％

重庆沙坪坝最热月

年份	1	2	3	4	5	6	7	8	9	10	11	12	13	14	15	16	17	18
1971 年	58	54	40	44	44	34	43	55	42	66	56	65	50	43	36	31	36	44
1972 年	42	42	48	82	61	45	50	46	57	72	74	62	58	47	58	59	54	52
1973 年	79	53	52	63	59	61	36	41	48	48	49	45	68	77	65	52	46	51
1974 年	72	61	55	61	88	74	95	92	71	90	80	60	53	61	58	56	54	56
1975 年	83	80	68	66	81	65	55	57	79	68	63	64	59	54	54	53	44	40
1976 年	49	79	55	82	91	94	96	68	57	87	72	60	90	79	61	70	85	91
1977 年	50	72	78	71	44	40	47	59	74	86	72	66	52	53	49	54	68	68
1978 年	45	46	71	92	64	61	56	48	49	46	42	40	51	70	83	74	67	68
1979 年	59	56	71	74	74	70	74	66	56	50	40	72	57	62	90	64	58	54
1980 年	49	47	76	72	71	59	85	87	80	95	76	79	63	56	56	71	82	73
1981 年	62	97	78	49	43	40	44	54	45	47	80	61	43	84	58	61	74	77
1982 年	83	65	55	58	82	76	58	55	56	62	76	68	69	61	67	78	85	73
1983 年	65	60	77	74	96	92	97	80	82	85	95	84	80	90	64	56	49	63
1984 年	58	91	74	63	63	91	73	77	71	69	50	54	65	74	65	56	43	63
1985 年	96	84	79	68	96	80	66	93	76	48	45	87	67	62	46	84	53	58
1986 年	64	92	79	61	54	54	46	61	48	63	64	51	50	73	89	74	77	56
1987 年	95	88	89	85	94	72	65	62	57	59	76	64	71	60	62	55	75	62
1988 年	53	70	70	93	44	59	50	63	74	80	70	66	51	48	58	97	54	46
1989 年	68	71	90	73	68	58	61	94	91	90	66	65	65	70	51	46	56	56
1990 年	55	56	54	55	52	44	57	54	51	54	56	60	69	62	57	49	90	58
1991 年	70	77	64	95	73	55	90	86	79	75	81	60	97	79	65	76	69	58
1992 年	67	58	75	95	95	68	63	63	56	57	54	72	82	45	61	78	69	67
1993 年	83	98	82	80	63	93	68	62	50	65	45	41	42	47	49	71	64	86
1994 年	62	61	66	57	59	58	63	95	72	64	93	71	53	56	57	54	54	57
1995 年	89	77	85	69	62	76	89	62	61	86	66	63	46	54	55	70	48	54
1996 年	96	73	90	69	73	65	64	75	90	70	51	66	53	67	69	63	58	60
1997 年	76	64	58	82	81	66	93	55	64	53	44	56	79	93	93	68	75	73
1998 年	93	88	66	47	54	56	77	77	71	58	66	50	69	78	84	64	67	61
1999 年	65	50	65	51	67	82	78	82	89	64	55	51	61	92	97	96	71	75
2000 年	87	68	93	75	61	74	66	72	87	70	70	76	67	87	70	61	49	50
2001 年	58	77	72	69	55	59	43	61	44	44	63	51	47	42	41	39	32	36
2002 年	51	55	71	89	80	63	55	69	46	48	52	54	53	58	57	54	94	72
2003 年	76	83	63	70	74	63	66	85	74	97	93	86	64	67	52	55	67	62

统计年平均：33 年 ϕ＝［(47＋56＋59＋59＋58＋67＋62＋57＋63＋64＋61＋71＋68＋65＋65

＝［2076÷33］%＝62%

60

19	20	21	22	23	24	25	26	27	28	29	30	31	月平均	
---	---	---	---	---	---	---	---	---	---	---	---	---	自动求和平均值	终结值
45	42	58	45	48	45	39	36	44	91	49	40	42	47.25806	47
41	46	60	58	87	76	59	53	52	57	53	44	43	56.06452	56
64	44	46	95	72	64	92	74	60	53	69	58	66	59.67742	59
53	46	48	52	53	47	50	58	42	39	41	41	37	59.48387	59
74	43	47	54	58	49	46	52	63	45	49	56	50	58.67742	58
96	61	80	67	54	52	52	48	59	40	40	45	46	67.93545	67
65	53	63	51	49	93	72	97	66	55	56	53	55	62.29032	62
59	52	48	43	80	64	53	58	52	51	46	40	51	57.09677	57
54	92	64	53	49	85	77	49	51	53	53	63	80	63.54839	63
69	62	57	50	44	44	44	44	41	40	53	98	79	64.58065	64
56	54	62	70	74	55	97	65	55	60	59	54	50	61.51613	61
67	83	76	80	93	59	53	49	89	92	97	81	65	71.32258	71
64	60	68	60	48	48	49	47	52	44	45	72	85	68.74194	68
77	61	60	65	83	66	82	56	59	54	53	63	60	65.77419	65
63	62	55	72	60	63	56	56	50	42	60	50	55	65.54839	65
81	85	64	62	78	68	92	65	52	49	49	49	61	64.87097	64
79	96	95	58	58	48	36	44	68	81	68	55	59	68.90323	68
45	66	54	45	43	87	66	63	58	86	79	66	85	64.16129	64
45	44	47	54	44	55	37	69	95	57	52	51	46	62.12903	62
75	77	76	57	60	42	47	44	69	62	68	70	63	60.09677	60
57	48	52	87	55	44	48	49	46	41	58	94	93	68.41935	68
71	56	58	46	45	40	40	41	38	37	45	46	49	59.25806	59
93	85	82	94	70	65	71	80	60	52	73	79	91	70.45161	70
57	61	46	47	49	53	45	43	38	58	59	56	56	58.70968	58
70	68	56	60	74	75	67	51	44	49	43	44	44	63.12903	63
82	77	97	88	77	53	47	52	51	53	79	66	76	69.93548	69
75	57	58	49	52	52	52	51	52	50	52	56	51	63.87097	63
56	83	91	84	65	63	85	73	66	77	61	57	60	69.25806	69
60	57	83	89	83	68	69	75	54	93	59	61	54	70.83871	70
54	59	52	45	48	46	49	51	52	56	89	60	40	64	64
40	40	49	46	43	41	46	42	39	45	79	77	70	51.29032	51
88	63	58	87	66	60	76	60	65	57	62	50	49	63.29032	63
98	77	60	89	68	67	90	55	54	48	49	46	48	69.22581	69

＋64＋68＋64＋62＋60＋68＋59＋70＋58＋63＋69＋63＋69＋70＋64＋51＋63＋69)÷33]％

（上海市）宝山最热月 14 时

年份	1	2	3	4	5	6	7	8	9	10	11	12	13	14	15	16	17	18
1991 年	86	95	92	85	82	88	76	74	63	85	85	89	88	64	71	65	80	62
1992 年	83	86	84	67	63	66	69	71	61	73	87	61	76	84	63	55	58	56
1993 年	90	73	87	97	84	91	66	71	56	55	52	51	53	75	84	59	79	90
1994 年	54	79	62	62	65	62	61	64	57	60	78	62	57	47	69	91	60	70
1995 年	81	88	80	92	95	97	83	58	69	61	61	64	59	58	54	60	74	83
1996 年	78	86	85	69	97	89	83	80	70	84	89	95	85	88	78	88	64	53
1997 年	70	68	63	63	61	91	88	82	79	95	81	82	67	62	62	82	81	80
1998 年	59	52	74	72	58	55	56	59	54	59	57	58	59	48	78	64	77	70
1999 年	84	88	77	80	80	82	93	88	78	88	86	85	80	67	77	83	96	96
2000 年	67	82	79	81	74	71	66	66	66	85	71	77	82	52	54	59	67	56
2001 年	45	57	49	54	88	95	94	79	85	62	77	80	63	65	87	75	74	79
2002 年	78	81	80	90	95	62	76	60	91	76	63	59	73	76	60	77	70	87
2003 年	81	68	74	50	77	79	73	58	70	83	83	62	61	73	71	86	48	58

统计年平均：13 年 $\phi=$ 〔（72＋65＋73＋66＋67＋74＋71＋66＋79＋66＋67＋72＋64）

相对湿度统计表　　　　　　　　　　　　　　　　　　　　　　　　　　表 5-13

19	20	21	22	23	24	25	26	27	28	29	30	31	月平均	
													自动求和平均值	终结值
65	62	59	57	53	59	54	58	74	74	65	74	61	72.41935	72
55	57	59	53	75	67	64	53	55	59	46	57	63	65.35484	65
80	74	65	67	68	91	69	84	77	69	69	82	67	73.3871	73
74	74	73	68	69	67	72	72	63	67	64	73	73	66.74194	66
55	52	68	76	55	61	60	61	60	58	56	60	61	67.74194	67
64	56	59	69	61	59	63	74	74	70	62	76	75	74.93548	74
78	57	58	74	71	72	62	63	52	64	69	80	61	71.54839	71
67	76	70	70	93	77	82	72	70	63	83	62	70	66.58065	66
80	70	84	77	65	63	75	73	74	79	82	69	65	79.48387	79
57	47	63	41	49	75	76	69	67	61	80	63	46	66.09677	66
77	75	57	70	57	60	53	51	59	72	50	58	56	67.83871	67
76	85	84	69	58	54	74	70	69	65	45	64	74	72.29032	72
44	66	53	57	62	58	66	46	51	48	51	75	72	64.64516	64

÷13〕％＝〔902÷13〕％＝69％

球温度单位、精度为 0.1℃。

夏季空气调节室外计算干球温度的选择：① 当资料年限为 33 年时→33 年不能保证的累计小时数为 33×50＝1650h；在每天 4 次的定时温度记录中，每次记录值代表 6 个小时，折合成统计个数 n＝1650÷6＝275 个，就是说 33 个累计年当中有 275 个较高温度不能保证，由高到低排序并依次择去 275 个后，第 276 个温度值即可取为夏季空气调节室外计算干球温度。② 当资料年限为 13 年时→13 年不能保证的累计小时数为 13×50＝650h；在每天 4 次的定时温度记录中，每次记录值代表 6 个小时，折合成统计个数 n＝650÷6＝108 个，就是说 13 个累计年当中有 108 个较高温度不能保证，由高到低排序并依次择去 108 个后，第 109 个温度值即可取为夏季空气调节室外计算干球温度。

统计方法为：

（1）原始干球温度文本转换成表格：中国气象局气象信息中心气象资料室→全年一昼夜 4 次（每天的 2、8、14、20 点）的定时原始干球温度→（表格处理软件）Excel→变蓝·数据·分列·下一步·（分隔符）逗号·下一步·完成。

（2）统计年大排序：排序和筛选·降序·以当前选定区域排序·排序·保存。

（3）长列归整为 24 一列的短列：33 统计年终结至 286，13 统计年终结至 120。

（4）各短列依次复制到表 5-13～表 5-18 相关表内：短列·变蓝·复制·Word2007·变蓝·布局·转换为文本·制表符·确定·插入·表格·文本转换成表格·24·确定·开始·五号·剪切·表 5-14～表 5-19 相关表内。

（5）选值，即确定夏季空气调节室外计算干球温度。

夏季空气调节室外计算湿球温度的选择方法同干球温度，只是由低到高排序，本文从略。

北京不能保证的干球温度由大到小 33 个统计年排序列表

表 5-14

	1	2	3	4	5	6	7	8	9	10	11	12	13	14	15	16	17	18	19	20	21	22	23	24
1	405	401	392	390	384	383	380	379	377	377	375	375	374	374	374	373	372	371	371	371	371	370	370	369
25	369	368	368	368	367	367	367	367	366	365	365	365	364	363	363	363	363	362	361	361	361	361	361	361
49	360	360	359	359	359	359	359	358	358	358	358	358	357	357	357	357	357	356	356	356	356	356	356	355
73	355	355	354	354	353	353	353	353	353	353	353	353	352	352	352	351	351	351	351	351	351	350	350	350
97	350	350	350	349	349	349	349	349	349	349	348	348	348	348	348	348	347	347	347	347	347	347	347	347
121	347	346	346	346	346	346	346	346	346	346	345	345	345	345	345	345	345	345	345	345	345	345	345	344
145	345	344	344	344	344	344	344	344	344	343	343	343	343	343	343	343	343	343	343	343	343	343	343	343
169	343	343	342	342	342	342	342	342	342	342	342	342	342	342	342	341	341	341	341	341	341	341	341	341
193	341	341	341	341	341	341	341	340	340	340	340	340	340	340	340	340	340	340	340	340	340	340	340	340
217	340	340	340	340	340	340	340	339	339	339	339	339	339	339	339	339	339	339	339	338	338	338	338	338
241	338	338	338	338	338	338	338	338	338	338	338	338	338	338	337	337	337	337	337	337	337	337	337	337
265	337	337	337	337	337	337	336	336	336	336	336	[336]	336	336	336	336	336	335	335	335	335	335		

注：第 276 个温度值是 336,即为夏季空调室外计算干球温度（336×0.1＝33.6℃）。

沈阳不能保证的干球温度由大到小 33 个统计年排序列表

表 5-15

序号/温度	1	2	3	4	5	6	7	8	9	10	11	12	13	14	15	16	17	18	19	20	21	22	23	24
序号	1	2	3	4	5	6	7	8	9	10	11	12	13	14	15	16	17	18	19	20	21	22	23	24
温度	352	352	350	349	348	347	345	345	345	345	344	344	344	344	343	342	342	341	340	340	340	339	339	339
序号	25	26	27	28	29	30	31	32	33	34	35	36	37	38	39	40	41	42	43	44	45	46	47	48
温度	338	338	338	338	338	337	337	336	336	336	335	335	335	335	334	334	334	334	334	334	334	334	333	333
序号	49	50	51	52	53	54	55	56	57	58	59	60	61	62	63	64	65	66	67	68	69	70	71	72
温度	333	333	333	333	332	332	332	332	331	331	331	331	331	330	330	330	330	330	330	330	330	330	330	329
序号	73	74	75	76	77	78	79	80	81	82	83	84	85	86	87	88	89	90	91	92	93	94	95	96
温度	329	329	329	329	329	329	329	329	328	328	328	328	328	328	328	328	327	327	327	326	326	326	326	326
序号	97	98	99	100	101	102	103	104	105	106	107	108	109	110	111	112	113	114	115	116	117	118	119	120
温度	326	326	326	326	326	325	325	325	325	325	325	325	325	324	324	324	324	324	324	324	324	324	324	324
序号	121	122	123	124	125	126	127	128	129	130	131	132	133	134	135	136	137	138	139	140	141	142	143	144
温度	323	323	323	323	323	323	323	323	323	323	323	323	323	323	323	322	322	322	322	322	322	322	322	322
序号	145	146	147	148	149	150	151	152	153	154	155	156	157	158	159	160	161	162	163	164	165	166	167	168
温度	322	322	322	322	322	322	322	322	322	322	322	322	322	321	321	321	321	321	321	321	321	321	321	321
序号	169	170	171	172	173	174	175	176	177	178	179	180	181	182	183	184	185	186	187	188	189	190	191	192
温度	321	321	321	320	320	320	320	320	320	320	320	319	319	319	319	319	319	319	319	319	319	319	319	319
序号	193	194	195	196	197	198	199	200	201	202	203	204	205	206	207	208	209	210	211	212	213	214	215	216
温度	319	319	319	318	318	318	318	318	318	318	318	318	318	318	318	318	318	318	318	318	318	318	318	318
序号	217	218	219	220	221	222	223	224	225	226	227	228	229	230	231	232	233	234	235	236	237	238	239	240
温度	318	318	318	317	317	317	317	317	317	317	317	317	317	317	317	317	317	317	317	317	317	317	316	316
序号	241	242	243	244	245	246	247	248	249	250	251	252	253	254	255	256	257	258	259	260	261	262	263	264
温度	316	316	316	316	316	316	316	316	316	316	316	315	315	315	315	315	315	315	315	315	315	315	315	315
序号	265	266	267	268	269	270	271	272	273	274	275	276	277	278	279	280	281	282	283	284	285	286		
温度	315	315	315	315	315	315	314	314	314	314	314	【314】	314	314	314	314	314	314	314	314	314	314		

注：第 276 个温度值是 314，即为夏季空气调节室外计算干球温度（314×0.1=31.4℃→数据集 31.4℃）。

66

	1	2	3	4	5	6	7	8	9	10	11	12	13	14	15	16	17	18	19	20	21	22	23	24
序号	1	2	3	4	5	6	7	8	9	10	11	12	13	14	15	16	17	18	19	20	21	22	23	24
温度	390	388	386	386	385	385	384	383	381	381	381	381	380	380	380	379	379	379	379	379	379	378	378	378
序号	25	26	27	28	29	30	31	32	33	34	35	36	37	38	39	40	41	42	43	44	45	46	47	48
温度	378	378	377	377	376	376	375	375	374	374	373	373	373	373	372	372	372	372	372	372	372	371	371	371
序号	49	50	51	52	53	54	55	56	57	58	59	60	61	62	63	64	65	66	67	68	69	70	71	72
温度	371	371	371	371	370	370	370	370	370	369	369	369	369	369	368	368	368	368	368	368	368	367	367	367
序号	73	74	75	76	77	78	79	80	81	82	83	84	85	86	87	88	89	90	91	92	93	94	95	96
温度	367	367	367	366	366	366	366	365	365	365	365	364	364	364	364	364	364	364	363	363	363	363	363	363
序号	97	98	99	100	101	102	103	104	105	106	107	108	109	110	111	112	113	114	115	116	117	118	119	120
温度	362	362	362	362	362	362	361	361	361	361	361	361	361	361	361	361	361	361	361	361	361	361	360	360
序号	121	122	123	124	125	126	127	128	129	130	131	132	133	134	135	136	137	138	139	140	141	142	143	144
温度	360	360	360	360	360	360	360	360	360	360	360	360	360	359	359	359	359	359	359	359	358	358	358	358
序号	145	146	147	148	149	150	151	152	153	154	155	156	157	158	159	160	161	162	163	164	165	166	167	168
温度	358	358	358	358	358	358	358	358	357	357	357	357	357	357	357	357	357	356	356	356	356	356	356	356
序号	169	170	171	172	173	174	175	176	177	178	179	180	181	182	183	184	185	186	187	188	189	190	191	192
温度	356	356	356	356	356	356	356	356	356	356	356	356	356	356	356	356	356	355	355	355	355	355	355	355
序号	193	194	195	196	197	198	199	200	201	202	203	204	205	206	207	208	209	210	211	212	213	214	215	216
温度	355	355	355	355	355	355	355	355	355	355	354	354	354	354	354	354	354	354	354	354	354	354	354	354
序号	217	218	219	220	221	222	223	224	225	226	227	228	229	230	231	232	233	234	235	236	237	238	239	240
温度	354	354	354	354	354	354	354	354	354	354	354	353	353	353	353	353	353	353	353	353	353	353	353	353
序号	241	242	243	244	245	246	247	248	249	250	251	252	253	254	255	256	257	258	259	260	261	262	263	264
温度	353	353	353	353	353	353	353	353	353	353	353	352	352	352	352	352	352	352	352	352	352	352	352	352
序号	265	266	267	268	269	270	271	272	273	274	275	276	277	278	279	280	281	282	283	284	285	286		
温度	351	351	351	351	351	351	351	351	351	351	351	[351]	351	351	351	351	351	351	351	351	351	350		

注：第 276 个温度值是 351，即为夏季空调室外计算干球温度（351×0.1=35.1℃→数据集 35.1℃）。

67

广州不能保证的干球温度由大到小33个统计年排序列表

表5-17

1	2	3	4	5	6	7	8	9	10	11	12	13	14	15	16	17	18	19	20	21	22	23	24
370	367	366	365	364	363	362	361	361	360	360	360	360	360	359	359	359	359	359	358	358	358	358	358
25	26	27	28	29	30	31	32	33	34	35	36	37	38	39	40	41	42	43	44	45	46	47	48
358	357	357	357	357	356	356	356	356	356	356	355	355	355	354	354	354	354	354	353	353	353	353	353
49	50	51	52	53	54	55	56	57	58	59	60	61	62	63	64	65	66	67	68	69	70	71	72
353	352	352	352	352	352	352	352	352	352	351	351	351	351	351	351	351	350	350	350	350	350	350	350
73	74	75	76	77	78	79	80	81	82	83	84	85	86	87	88	89	90	91	92	93	94	95	96
350	350	350	350	350	350	350	350	350	350	349	349	349	349	349	349	349	349	349	349	349	348	348	348
97	98	99	100	101	102	103	104	105	106	107	108	109	110	111	112	113	114	115	116	117	118	119	120
348	348	348	348	348	348	348	348	348	348	348	348	348	347	347	347	347	347	347	347	347	347	347	347
121	122	123	124	125	126	127	128	129	130	131	132	133	134	135	136	137	138	139	140	141	142	143	144
347	347	347	347	347	347	347	347	347	347	347	347	347	347	346	346	346	346	346	346	346	346	346	346
145	146	147	148	149	150	151	152	153	154	155	156	157	158	159	160	161	162	163	164	165	166	167	168
345	346	346	346	346	346	346	346	346	346	346	346	345	345	345	345	345	345	345	345	345	345	345	345
169	170	171	172	173	174	175	176	177	178	179	180	181	182	183	184	185	186	187	188	189	190	191	192
345	345	345	345	345	345	345	345	345	345	345	345	345	345	345	344	344	344	344	344	344	344	344	344
193	194	195	196	197	198	199	200	201	202	203	204	205	206	207	208	209	210	211	212	213	214	215	216
344	344	344	344	344	344	344	344	344	344	344	344	344	344	344	344	344	344	344	344	344	344	344	344
217	218	219	220	221	222	223	224	225	226	227	228	229	230	231	232	233	234	235	236	237	238	239	240
343	344	344	343	343	343	343	343	343	343	343	343	343	343	343	343	343	343	343	343	343	343	343	343
241	242	243	244	245	246	247	248	249	250	251	252	253	254	255	256	257	258	259	260	261	262	263	264
342	343	343	343	343	343	343	343	343	343	343	343	342	342	342	342	342	342	342	342	342	342	342	342
265	266	267	268	269	270	271	272	273	274	275	276	277	278	279	280	281	282	283	284	285	286		
342	342	342	342	342	342	342	342	342	342	342	342	342	342	342	342	342	342	342	342	342	342		

注:第276个温度值是342,即为夏季空调节室外计算干球温度(342×0.1=34.2℃→数据集34.2℃)。

重庆沙坪坝不能保证的干球温度由大到小 33 个统计年排序表

表 5-18

序号	1	2	3	4	5	6	7	8	9	10	11	12	13	14	15	16	17	18	19	20	21	22	23	24
1	400	399	399	399	398	397	392	389	389	388	388	388	388	388	387	386	386	386	385	385	385	384	384	384
25	384	384	383	383	383	382	382	382	382	381	381	381	381	381	381	381	380	380	380	380	379	379	379	379
49	379	378	378	378	378	378	378	378	377	377	377	377	377	377	377	377	377	377	376	376	376	376	376	376
73	376	376	376	376	376	376	375	375	375	375	375	375	375	375	375	375	375	375	375	375	374	374	374	374
97	374	374	374	374	374	374	374	374	374	373	373	373	373	373	373	373	373	373	373	373	372	372	372	372
121	372	372	372	372	372	372	372	372	372	371	371	371	371	371	371	371	371	371	371	371	371	371	371	371
145	371	371	370	370	370	370	370	370	370	370	370	369	369	369	369	369	369	369	369	369	369	369	369	368
169	368	368	368	368	368	368	368	368	368	368	368	368	368	368	368	368	368	367	367	367	367	367	367	367
193	367	367	367	367	367	367	367	367	367	367	367	366	366	366	366	366	366	366	366	366	366	366	366	366
217	366	366	366	366	366	366	366	366	366	366	366	366	365	365	365	365	365	365	365	365	365	365	365	365
241	365	365	365	365	365	365	365	365	365	364	364	364	364	364	364	364	364	364	364	364	364	364	363	363
265	363	363	363	363	363	363	363	363	363	363	363	363	363	363	363	363	363	363	363	363	363	286		

注：第 276 个温度值是 363，即为夏季空调节室外计算干球温度（363×0.1=36.3℃→数据集 36.3℃）。

69

（上海市）宝山不能保证的干球温度由大到小13个统计年排序列表

表5-19

1	2	3	4	5	6	7	8	9	10	11	12	13	14	15	16	17	18	19	20	21	22	23	24
382	381	379	377	375	374	373	372	370	369	368	368	368	367	367	367	366	366	365	365	363	363	363	362
25	26	27	28	29	30	31	32	33	34	35	36	37	38	39	40	41	42	43	44	45	46	47	48
362	362	361	361	361	361	361	361	360	360	359	359	358	358	358	358	358	358	358	358	357	357	357	356
49	50	51	52	53	54	55	56	57	58	59	60	61	62	63	64	65	66	67	68	69	70	71	72
356	355	355	355	355	355	355	354	354	353	353	353	353	353	353	353	353	352	351	351	351	351	351	351
73	74	75	76	77	78	79	80	81	82	83	84	85	86	87	88	89	90	91	92	93	94	95	96
351	350	350	350	350	350	350	350	350	350	349	349	349	349	349	348	348	348	348	348	348	348	347	347
97	98	99	100	101	102	103	104	105	106	107	108	109	110	111	112	113	114	115	116	117	118	119	120
347	347	347	347	346	346	346	346	346	346	346	346	[345]	345	345	345	345	344	344	344	344	344	344	344

注：第109个温度值是345，即为夏季空气调节室外计算干球温度（345×0.1＝34.5℃→数据集34.6℃）。

5.2 设计用建筑类室外气象参数的选择

地面气候资料时段：除① 江苏淮阴（清
……001 年；②四川泸州→1971～2002 年；③
……城）、株洲、常宁→1987～2003 年；④黑
……；⑤北京密云，湖北陨西，陕西定边→
……马、上海市、安徽桐城→1991～2003 年
……为 1971～2003 年。

……高度数值为观测场数值，其中青海省刚察
……值。

……：采用"累年最热 3 个月"各月平均风速
……"是指累年逐月平均气温最高的 3 个月。

……采用"累年最热 3 个月"的最多（主导）
……段高的风向。

……分别为 N—北、S—南、E—东、W—西。

……1 所示。

……期日

……数，是
……干或低
……的日数
……温度"
……采用

……，是
……一个
……界温度的日期为初日，历年初日的平均

是指于最后一个五日中挑取最末一个

图 5-1 风向方位与风向编码

71

日平均温度等于或低于该临界温度日期为终日，历年终日的平均值即为设计计算用供暖期终日。

供暖期初日和终日的数据表示是月在前、日在后，如"03/13"表示 3 月 13 日。

（6）本表除最大冻土深度外，均择录于《中国建筑热环境分析专用气象数据集》，中国气象信息中心气象资料室与清华大学建筑技术科学系合著，由中国建筑工业出版社于 2005 年 4 月第一次出版发行。

最大冻土深度栏内（85-69-85-69 以①-②-③-④代表）分别源于：①择自《采暖通风与空气调节设计规范》（GBJ 19—87，2001年版）附录二 室外气象参数。共 203 个记录值，其中有 79 个记录值未能列入表内，为了便于查找连同与统计表相关数据一并补列于表 5-19。②择自《建筑施工手册（缩印本）》，由中国建筑工业出版社于 1992 年 3 月第一次出版发行。共 75 个记录值，其中有 5 个记录值未列入表内，依次为保定 46、沧州 52、唐山 73、洛阳 11、青岛 42。③择自《给水排水设计手册（第 1 册 常用资料）》，由中国建筑工业出版社于 1986 年 7 月第一次出版发行。共 194 个记录值，其中有 78 个记录值未列入表内，为了便于查找亦一并补列于表 5-20。手册记录值选用于（1951～1980 年）国家气象局资料室提供的〈全国主要城市室外气象参数〉。④择自《给水排水设计手册（1 常用资料）》，由中国建筑工业出版社于 1973 年 10 月第一次出版发行。共 80 个记录值，其中有 8 个记录值未列入表内，依次为保定 46、渝县 52、唐山 73、青岛 42、洛阳 11、钦县◇、万源◇、会理◇。手册记录值系以中国工业出版社 1968 年出版发行《给水排水设计手册》：第一册 材料设备（全国各城市气象表）78个记录值基础上，进行充实修编。

表 5-20～表 5-22 及文字说明中最大冻土深度计量单位为 cm。统计表及补充列表最大冻土深度栏内：＊代表空缺，○代表无冻土，◇代表无记录，空格代表缺少测值。

（7）表列各台站先后排序同《实用供热空调设计手册》（第二版 上册），陆耀庆主编，中国建筑工业出版社：设计用室外气象参数表 3.2-1。为便于查看，仅增添传统称呼××地区。

采暖通风与空气调节设计规范‘附录二 室外气象参数’保留列表

表5-20

序号	省市及台站	海拔高度(m)	夏季空调室外计算(℃)		冬季空调室外计算温度(℃)	夏季空调室外相对湿度(%)	夏季室外平均风速(m/s)	夏季最多风向	夏季室外大气压力(mbar)	最大冻土深度(cm)	附设计计算采暖期		
			干球温度	湿球温度							日数(d)	初日	终日
1	2	3	4	5	6	7	8	9	10	11	12	13	14
	华北地区												
1	北京市												
1.3	延庆	489.0	30.9	23.9	−16	77	2.2	SW	950.4	115	149	10.31	3.28
2	天津市												
2.2	蓟县	16.4	32.7	[27.1]	−12	78	2.5	SE、ESE	1003.5	69	134	11.7	3.20
2.3	塘沽	5.4	31.4	26.4	−10	79	4.4	SE	1004.7	59	127	11.17	3.23
3	河北省												
3.9	张家口	723.9	31.6	22.3	−18	67	2.4	SE	924.4	136	155	10.28	3.31
3.10	唐山	25.9	32.7	26.2	−12	79	2.3	E	1002.2	73	137	11.8	3.24
3.11	保定	17.2	34.8	26.8	−11	76	2.1	SW	1002.6	55	124	11.13	3.16
4	山西省												
4.8	阳泉	741.9	32.5	23.5	−13	71	1.5	E	922.7	68	129	11.11	3.19
4.9	阳城	659.5	32.7	24.6	−10	75	1.8	SE	931.8	41	118	11.17	3.14

序号	省市及台站	海拔高度(m)	夏季空调室外计算(℃)		冬季空调室外计算温度(℃)	夏季空调室外相对湿度(%)	夏季空调室外平均风速(m/s)	夏季最多风向	夏季室外大气压力(mbar)	最大冻土深度(cm)	附设计计算采暖期		
			干球温度	湿球温度							日数(d)	初日	终日
1	2	3	4	5	6	7	8	9	10	11	12	13	14
6	东北地区												
	辽宁省												
6.12	开原	98.2	30.9	25.4	−25	80	3.0	S	994.3	143	162	10.27	4.6
6.13	阜新	144.0	31.9	24.9	−20	76	2.1	SSW	989.0	140	159	10.28	4.4
6.14	抚顺	118.1	31.6	25.0	−24	80	2.6	NE	992.4	143	160	10.28	4.5
6.15	鞍山	77.3	31.2	25.4	−21	76	3.1	S	997.1	118	148	11.5	4.1
7	吉林省												
7.9	通榆	140.5	31.9	24.1	−24	73	4.2	S、SSW	987.3	178	176	10.19	4.12
7.10	吉林	183.4	30.3	24.5	−28	79	2.5	SE	984.7	190	175	10.20	4.12
7.11	通化	402.9	29.4	23.3	−27	80	1.7	SSW	960.7	133	173	10.22	4.12
8	黑龙江省												
8.1	爱辉	165.8	28.7	22.3	−35	79	3.2	NW	985.8	298	199	10.5	4.21
8.2	伊春	231.3	29.2	22.2	−33	78	2.2	NE	978.6	290	197	10.6	4.20

续表

序号	省市及台站	海拔高度 (m)	夏季空调室外计算(℃) 干球温度	夏季空调室外计算(℃) 湿球温度	冬季空调室外计算温度 (℃)	夏季室外相对湿度 (%)	夏季室外平均风速 (m/s)	夏季最多风向	夏季室外大气压力 (mbar)	最大冻土深度 (cm)	附设计计算采暖期 日数(d)	附设计计算采暖期 初日	附设计计算采暖期 终日
1	2	3	4	5	6	7	8	9	10	11	12	13	14
8.3	鹤 岗	227.9	29.0	22.4	−26	77	3.0	NE	979.2	238	186	10.14	4.17
	西北地区												
9	陕西省												
9.9	宝 鸡	612.4	33.7	24.8	−8	70	1.4	E	936.1	29	104	11.20	3.3
10	甘肃省												
10.14	山 丹	1764.6	30.3	17.0	−21	52	2.7	ESE	819.1	143	172	10.19	4.8
11	宁夏回族自治区												
11.4	石嘴山	1091.0	31.5	20.9	−18	58	2.8	SW.SE	885.3	104	152	10.27	3.27
11.5	吴 忠	1127.4	[30.3]	[21.7]	−16	65	2.3	N.SE	881.9	112	146	11.1	3.26
11.6	中 卫	1225.7	31.1	21.2	−16	66	2.3	E	871.4	83	148	10.30	3.26
12	青海省												
12.15	共 和	2835.0	23.7	14.4	−17	62	2.1	N	721.9	133	186	10.10	4.13

75

续表

序号	省市及台站	海拔高度 (m)	夏季空调室外计算 (℃) 干球温度	湿球温度	冬季空调室外计算温度 (℃)	夏季室外相对湿度 (%)	夏季室外平均风速 (m/s)	夏季最多风向	夏季室外大气压力 (mbar)	最大冻土深度 (cm)	附设计计算采暖期 日数 (d)	初日	终日
1	2	3	4	5	6	7	8	9	10	11	12	13	14
	华东地区												
14	上海市												
14.2	崇 明	2.2	(32.1)	(28.0)	−4	85	3.8	SE	1005.4	○	70	12.22	3.1
14.3	金 山	4.0	(33.8)	(28.2)	−3	85	3.6	SE	1005.2	9	61	12.22	2.20
15	山东省												
15.9	烟 台	46.7	30.7	25.8	−9	80	4.8	SSW	1001.0	43	112	11.26	3.17
15.10	德 州	21.2	34.7	26.5	−11	76	2.0	SSW	1002.4	48	118	11.17	3.14
15.11	莱 阳	30.5	32.1	26.7	−11	84	2.4	SSE	1002.3	45	131	11.17	3.27
15.12	淄 博	34.0	34.7	26.6	−12	76	2.3	SSW	1001.0	48	116	11.19	3.14
15.13	青 岛	76.0	29.0	26.0	−9	85	4.9	SSE	997.2	49	111	11.27	3.17
15.14	菏 泽	49.7	34.8	27.8	−9	79	2.4	S	998.9	35	110	11.21	3.10
15.15	临 沂	87.9	33.5	27.5	−9	83	2.5	E	996.6	40	112	11.22	3.13

序号	省市及台站	海拔高度 (m)	夏季空调室外计算(℃) 干球温度	湿球温度	冬季空调室外计算温度 (℃)	夏季室外相对湿度 (%)	夏季室外平均风速 (m/s)	夏季最多风向	夏季室外大气压力 (mbar)	最大冻土深度 (cm)	附设计计算采暖期 日数 (d)	初日	终日
1	2	3	4	5	6	7	8	9	10	11	12	13	14
16	江苏省												
16.7	连云港	3.0	(33.5)	(27.9)	−8	81	3.0	SE	1005.0	25	105	11.27	3.11
16.8	南通	5.3	33.0	28.6	−5	86	3.1	SE	1005.1	12	71	12.22	3.2
16.9	武进	9.2	34.6	28.6	−5	82	3.1	ESE	1004.9	10	83	12.9	3.1
17	浙江省												
17.6	宁波	4.2	34.5	28.5	−3	83	2.9	SSE	1005.8	○	50	12.26	2.13
17.7	金华	64.1	36.4	27.7	−3	74	2.4	ENE	998.6	○	35	1.1	2.4
18	安徽省												
18.9	六安	60.5	35.7	27.9	−6	80	2.3	SE	997.6	12	78	12.11	2.26
18.10	芜湖	14.8	35.0	(28.2)	−5	80	2.3	E	1002.8	○	61	12.21	2.19
19	江西省												
19.9	九江	32.2	36.4	28.3	−3	76	2.4	NE	1000.9	○	46	12.25	2.8
19.10	德兴	56.4	(36.0)	(27.9)	−2	79	1.1	NNE	999.9	○	40	12.27	2.4

序号	省市及台站	海拔高度 (m)	夏季空调室外计算(℃)		冬季空调室外计算温度 (℃)	夏季室外相对湿度 (%)	夏季室外平均风速 (m/s)	夏季最多风向	夏季室外大气压力 (mbar)	最大冻土深度 (cm)	附设计计算采暖期		
			干球温度	湿球温度							日数 (d)	初日	终日
1	2	3	4	5	6	7	8	9	10	11	12	13	14
19.11	上 饶	118.3	[35.9]	[28.6]	-2	74	2.6	NE	992.6	○	0		
19.12	萍 乡	106.9	(35.4)	(27.8)	-2	76	1.6	NE	993.3	○	39	12.28	2.4
20	福建省												
20.8	建 阳	181.1	35.6	27.6	0	79	1.4	N.S	985.4	○	0		
20.9	漳 州	30.0	34.9	28.0	6	80	1.6	ESE	1002.7	○	0		
	中南地区												
21	河南省												
21.8	新 乡	72.7	35.1	27.8	-8	78	2.3	NE	996.0	28	105	11.22	3.6
21.9	三门峡	410.1	35.2	25.9	-7	71	2.9	E	958.3	45	101	11.22	3.2
21.10	开 封	72.5	35.2	27.8	-7	79	3.0	NNE.S	996.0	26	106	11.22	3.7
21.11	洛 阳	154.5	35.9	27.5	-7	75	2.1	NE	987.6	21	95	11.27	3.1
21.12	许 昌	71.9	35.6	28.2	-7	79	2.2	NNE.N.S	996.2	18	94	11.28	3.1
21.13	平顶山	84.7	35.5	28.0	-7	78	2.5	NE	994.8	14	87	12.4	2.28

序号	省市及台站	海拔高度 (m)	夏季空调室外计算(℃) 干球温度	夏季空调室外计算(℃) 湿球温度	冬季空调室外计算温度 (℃)	夏季室外相对湿度 (%)	夏季室外平均风速 (m/s)	夏季最多风向	夏季室外大气压力 (mbar)	最大冻土深度 (cm)	附设计计算采暖期 日数(d)	附设计计算采暖期 初日	附设计计算采暖期 终日
1	2	3	4	5	6	7	8	9	10	11	12	13	14
22	湖北省												
22.8	光化	90.0	35.0	28.0	−6	80	1.5	SE	993.5	11	81	12.10	2.28
22.9	江陵	32.6	34.6	28.5	−4	83	2.3	S	1000.0	8	63	12.14	2.14
22.10	恩施	437.2	34.2	26.3	0	80	0.5	N.S	955.0	○	0		
22.11	黄石	19.6	35.7	28.5	−4	78	2.2	ESE	1002.0	6	46	12.25	2.8
23	湖南省												
23.11	岳阳	51.6	34.1	28.2	−4	75	3.1	SSE	998.2	○	48	12.24	2.9
23.12	邵阳	248.6	34.8	26.7	−3	75	1.6	SE	976.7	5	33	12.27	1.28
23.13	衡阳	103.2	36.0	27.4	−2	71	2.3	S.SSE	992.8	○	0		
23.14	彬州	184.9	35.4	26.6	−2	70	1.9	S	984.2	○	0		
24	广西壮族自治区												
24.11	柳州	96.9	34.5	27.1	2	78	1.4	S	993.3	○	0		
24.12	北海	14.6	32.4	27.9	6	83	2.8	SSW	1002.4	○	0		

序号	省市及台站	海拔高度(m)	夏季空调室外计算(℃) 干球温度	夏季空调室外计算(℃) 湿球温度	冬季空调室外计算温度(℃)	夏季室外相对湿度(%)	夏季室外平均风速(m/s)	夏季最多风向	夏季室外大气压力(mbar)	最大冻土深度(cm)	附设计计算采暖期 日数(d)	附设计计算采暖期 初日	附设计计算采暖期 终日
1	2	3	4	5	6	7	8	9	10	11	12	13	14
25	广东省												
25.10	湛江	25.3	33.7	27.8	7	81	2.9	SE	1001.1	○	0		
25.11	西沙	4.7	32.0	28.3	19	82	5.6	SSW	1005.0	○	0		
	西南地区												
28	四川省												
28.16	广元	487.0	33.3	26.0	0	76	1.4	NNW	949.2	○	29	12.30	1.27
28.17	万县	186.7	36.4	28.3	2	80	0.6	N.NNW	982.1	○	0		
29	贵州省												
29.8	思南	416.3	34.9	26.2	0	74	1.3	S	956.6	○	0		
29.9	安顺	1392.9	27.3	21.7	-4	82	2.2	NE	855.6	○	48	12.25	2.10
29.10	独山	972.2	28.9	23.4	-4	84	2.2	SE	895.4	○	37	1.1	2.6
29.11	兴仁	1378.5	28.6	22.2	-2	82	1.7	E	857.2	○	0		
30	云南省												
30.12	昭通	1949.5	27.1	19.6	-6	78	1.9	N	801.8	○	87	11.25	2.19

序号	省市及台站	海拔高度 (m)	夏季空调室外计算(℃)		冬季空调室外计算温度(℃)	夏季室外相对湿度(%)	夏季室外平均风速(m/s)	夏季最多风向	夏季室外大气压力(mbar)	最大冻土深度(cm)	附设计计算采暖期		
			干球温度	湿球温度							日数 (d)	初日	终日
1	2	3	4	5	6	7	8	9	10	11	12	13	14
30.13	景 洪	552.7	34.3	25.8	10	76	0.7	SE	942.9	○	0		
31	西藏自治区												
31.4	索 县	3950.0	18.7	11.1	−21	69	1.6	N.E.SE	620.4	140	211	10.4	5.2
31.5	那 曲	4507.0	16.0	9.4	−25	71	2.4	NE	580.0	281	256	9.16	5.29
31.6	日喀则	3836.0	22.2	12.1	−11	53	1.5	SE	638.3	67	160	10.21	3.29
32	台湾省												
32.1	台 北	9.0	[33.6]	[27.3]	[9]	77	2.8	E	1005.3	○	0		
32.2	花 莲	14.0	[32.0]	[26.8]	11	80	2.0	SW	1004.6	○	0		
32.3	恒 春	24.0	[34.0]	[28.1]	14	84	3.2	E	1003.7	○	0		
33	香港特别行政区												
33.1	香 港	32.0	32.4	[27.3]	8	81	5.3	E	1005.6	○	0		

注：1. 表中圆括号内的数据，是指最不利年不保证 120h 统计确定的；方括号内的数据，是按本规范附录三计算确定的；

2. 表中 N.E.SE 是指频率相同的三个最多风向；

3. ○代表无冻土；

4. 表中西沙，根据我国新的行政区划，应隶属海南省。

81

表 5-21

1986 年给水排水设计手册(第 1 册 常用资料)补充列表

爱辉	北安	伊春	鹤岗	绥化	虎林	安图松江	通化	长白	抚顺章党	黑山	鞍山	铁岭	阜新	包头
298	250	290	238	221	187	186	133	◇	143	144	118	165	140	>175
唐山	保定	沧州	秦皇岛	五台山	阳泉	临汾	祁连	铜川	宝鸡	洛阳	烟台	德州	淄博	泰山
73	55	52	85	◇	68	62	250	54	29	9	46	48	48	◇
青岛	南通	武进	阜阳	滁县	芜湖	屯溪	宁波(鄞县)	九江	庐山	漳州(龙溪)	邵武	台北	新乡	开封
◇	12	10	13	13	◇	◇	◇	◇	◇	◇	◇	◇	28	26
洛阳	许昌	巴东	荆州	恩施	黄石	岳阳	邵阳	衡阳	彬州	怀化	梅县	惠阳	湛江	深圳
21	18	33	8	◇	◇	◇	◇	◇	◇	◇	◇	◇	◇	◇
柳州	玉林	阿坝	巴中	达县	万县	康定	雅安	涪陵	峨眉山	雷波	渡口	安顺	昭通	沾益
◇	◇	◇	◇	◇	◇	◇	◇	◇	◇	◇	◇	◇	◇	◇
文山	日喀则	香港												
◇	67	◇												

82

表5-22

设计用建筑类地面气候资料(室外气象参数)统计表

序号	省市及站名	海拔高度(m)	夏季空调室外计算(℃)		冬季空调室外计算温度(℃)	夏季室外相对湿度(%)	夏季室外平均风速(m/s)	夏季最多风向	夏季室外大气压力(mbar)	最大冻土深度(cm)	附设计计算采暖期		
			干球温度	湿球温度							日数(d)	初日	终日
1	2	3	4	5	6	7	8	9	10	11	12	13	14
	华北地区												
1	北京市												
1.1	北京市	31.3	33.6	26.3	−9.8	58	2.2	SE	99987	85-69-85-85-69	122	11/14	03/15
1.2	密云	71.8	33.7	26.4	−11.7	59	2.2	SSW	99523	69-*-*-*-*	131	11/08	03/18
2	天津市												
2.1	天津市	2.5	33.9	26.9	−9.4	62	1.7	S	100287	69-*-69-*	121	11/15	03/15
3	河北省												
3.1	张 北a	1393.3	27.2	19.0	−24.6	54	3.0	S	85597	*-*-136-*	187	10/15	04/19
3.2	石家庄	81.0	35.2	26.8	−8.6	56	1.5	SSE	99390	54-52-54-52	111	11/17	03/07
3.3	邢 台	77.3	35.2	26.9	−7.7	55	1.9	S	99463	44-*-44-*	105	11/21	03/05
3.4	丰 宁	661.2	31.2	22.7	−17.7	54	1.7	S	93123		161	10/27	04/05
3.5	怀 来	536.8	33.0	23.6	−14.3	50	2.1	E	94380		144	11/06	03/29

a说明：表列说明(6)→③中称张家口。

序号	省市及台站	海拔高度 (m)	夏季空调室外计算 (℃)		冬季空调室外计算温度 (℃)	夏季室外相对湿度 (%)	夏季室外平均风速 (m/s)	夏季最多风向	夏季室外大气压力 (mbar)	最大冻土深度 (cm)	附设计计算采暖期		
			干球温度	湿球温度							日数 (d)	初日	终日
1	2	3	4	5	6	7	8	9	10	11	12	13	14
3.6	承德	385.9	32.8	24.0	−15.8	53	1.0	S	96180	126-112-126-112	148	11/02	03/29
3.7	乐亭	10.5	31.7	26.2	−12.4	67	2.4	SW	100287		138	11/11	03/28
3.8	饶阳	19.0	34.8	26.9	−10.6	59	2.4	SSW	100053		121	11/14	03/14
4	山西省												
4.1	大同b	1067.2	31.0	21.1	−19.1	47	2.3	N	88797	186-★-186-★	161	10/27	04/05
4.2	原平	828.2	31.9	22.9	−14.5	52	1.6	N	91297	★-105-110-105	145	11/05	03/29
4.3	太原	778.3	31.6	23.8	−12.7	57	2.1	NW	91847	77-74-77-74	141	11/08	03/28
4.4	榆社	1041.4	30.9	22.3	−13.5	53	1.6	S	89093		144	11/07	03/30
4.5	介休	743.9	32.7	23.9	−12.0	53	2.5	NE	92223	69-69-69-69	131	11/09	03/19
4.6	运城	365.0	35.9	26.0	−7.4	51	3.0	SE	95963	43-43-43-43	100	11/24	03/03
4.7	侯马	433.8	36.8	26.7	−9.5	52	2.4	N	95407		110	11/15	03/04

b说明：表列说明(6)→③中称大同(燕北)。

序号	省市及台站	海拔高度(m)	夏季空调室外计算(℃) 干球温度	夏季空调室外计算(℃) 湿球温度	冬季空调室外计算温度(℃)	夏季室外相对湿度(%)	夏季室外平均风速(m/s)	夏季最多风向	夏季室外大气压力(mbar)	最大冻土深度(cm)	附设计计算采暖期 日数(d)	附设计计算采暖期 初日	附设计计算采暖期 终日
1	2	3	4	5	6	7	8	9	10	11	12	13	14
5	内蒙古自治区												
5.1	图里河	732.6	27.3	19.3	−37.7	59	1.8	E	92337		228	09/24	05/09
5.2	满洲里	661.7	29.3	19.9	−31.9	50	2.9	ENE	92913		218	10/01	05/06
5.3	海拉尔	610.2	29.2	20.5	−34.7	53	3.0	S	93447	242-220-242-220	216	10/02	05/05
5.4	博克图	739.7	27.3	19.9	−29.0	61	1.8	SSE	92237		219	10/01	05/07
5.5	阿尔山	997.2	26.4	18.9	−35.8	59	2.9	SE	89197		225	09/26	05/08
5.6	索 伦	499.7	30.4	21.5	−26.0	56	2.3	WNW	94657		190	10/13	04/02
5.7	东乌珠穆沁旗	838.9	31.2	20.0	−30.3	42	3.0	NW	91007		193	10/11	04/21
5.8	额济纳旗	940.5	36.2	19.3	−20.4	22	3.2	E	89860		154	10/27	03/29
5.9	巴音毛道	1323.9	32.8	18.5	−20.6	28	3.6	E	86013		163	10/24	04/04
5.10	二连浩特	964.7	33.2	19.3	−27.6	32	3.8	SSW	89690	337-*-*-*	181	10/17	04/15
5.11	阿巴嘎旗	1126.1	30.6	18.9	−30.2	40	3.2	W	88163		192	10/12	04/21
5.12	海力素	1509.6	30.7	17.3	−23.4	29	5.4	SSE	84317		178	10/19	04/14

续表

序号	省市及台站	海拔高度 (m)	夏季空调室外计算(℃)		冬季空调室外计算温度 (℃)	夏季室外相对湿度 (%)	夏季室外平均风速 (m/s)	夏季最多风向	夏季室外大气压力 (mbar)	最大冻土深度 (cm)	附设计计算采暖期		
			干球温度	湿球温度							日数 (d)	初日	终日
1	2	3	4	5	6	7	8	9	10	11	12	13	14
5.13	朱日和	1150.8	31.8	19.2	−24.4	36	4.3	SW	87873		176	10/20	04/13
5.14	乌拉特后旗	1288.0	30.5	19.3	−22.3	39	2.7	S	86440		171	10/20	04/08
5.15	达尔罕联合旗	1376.6	30.4	18.5	−25.6	37	2.7	SE	85720		183	10/17	04/17
5.16	化德	1482.7	28.0	18.4	−25.3	48	2.7	S	84637		189	10/14	04/20
5.17	呼和浩特	1063.0	30.7	21.0	−20.3	47	1.5	E	88837	143-103-143-108	164	10/23	04/04
5.18	吉兰太	1031.8	34.9	20.5	−18.9	29	3.1	NE	88883		150	10/31	03/29
5.19	鄂托克旗	1380.3	31.4	19.6	−19.9	37	2.8	S	85530		160	10/25	04/02
5.20	东胜	1461.9	29.2	19.1	−19.4	44	2.9	S	84863		166	10/23	04/06
5.21	西乌珠穆沁旗	995.9	29.5	19.6	−28.5	47	2.6	ESE	89457		192	10/12	04/21
5.22	扎鲁特旗	265.0	32.8	23.4	−20.9	50	2.2	NW	97227		166	10/23	04/06
5.23	巴林左旗	486.2	31.8	22.6	−21.9	51	2.3	N	94843		171	10/21	04/09
5.24	锡林浩特	1003.0	31.2	19.9	−27.7	42	3.3	S	89460	289-*-*-*	187	10/14	04/18
5.25	林西	799.5	30.9	21.1	−22.1	50	1.9	WSW	91483		177	10/20	04/14

续表

序号	省市及台站	海拔高度(m)	夏季空调室外计算(℃)		冬季空调室外计算温度(℃)	夏季室外相对湿度(%)	夏季室外平均风速(m/s)	夏季最多风向	夏季室外大气压力(mbar)	最大冻土深度(cm)	附设计计算采暖期		
			干球温度	湿球温度							日数(d)	初日	终日
1	2	3	4	5	6	7	8	9	10	11	12	13	14
5.26	开鲁	241.0	32.8	24.0	−21.6	52	3.4	S	97510		165	10/24	04/06
5.27	通辽	178.7	32.4	24.5	−21.9	56	3.7	S	98290	179-127-179-127	165	10/24	04/06
5.28	多伦	1245.4	28.3	19.5	−26.4	51	2.5	SSE	86973		190	10/13	04/20
5.29	赤峰	568.0	32.7	22.6	−18.8	48	2.5	SW	93940	201-107-201-19.7	159	10/29	04/05
	东北地区												
6	辽宁省												
6.1	彰武	79.4	31.4	24.9	−19.8	62	3.9	SSW	99390		158	10/30	04/05
6.2	朝阳	169.9	33.6	25.0	−18.3	56	2.5	S	98313	135-*-135-*	146	11/05	03/30
6.3	新民	30.7	33.8	26.0	−19.8	64	2.6	S	100070		153	11/01	04/02
6.4	锦州	65.9	31.4	25.1	−15.7	64	3.0	S	99623	113-113-113-113	144	11/07	03/30
6.5	沈阳	44.7	31.4	25.2	−20.6	64	2.8	SSW	99850	148-139-148-139	151	11/02	04/01
6.6	本溪	185.4	30.9	24.2	−21.5	62	2.2	E	98383	149-105-149-105	156	10/31	04/04
6.7	兴城	10.5	29.4	25.5	−15.1	73	2.2	SSW	100313		145	11/08	04/01

续表

序号	省市及台站	海拔高度(m)	夏季空调室外计算(℃) 干球温度	夏季空调室外计算(℃) 湿球温度	冬季空调室外计算温度(℃)	夏季室外相对湿度(%)	夏季室外平均风速(m/s)	夏季最多风向	夏季室外大气压力(mbar)	最大冻土深度(cm)	附设计计算采暖期 日数(d)	附设计计算采暖期 初日	附设计计算采暖期 终日
1	2	3	4	5	6	7	8	9	10	11	12	13	14
6.8	营口	3.3	30.3	25.5	−17.4	67	3.6	SSW	100350	111-*-111-*	143	11/08	03/30
6.9	宽甸	260.1	29.7	24.1	−21.8	68	0.9	SE	97627		159	10/31	04/07
6.10	丹东	13.8	29.5	25.2	−15.9	73	2.3	NNE	100673	88-87-88-87	145	11/09	04/02
6.11	大连	91.5	29.0	24.8	−12.9	71	4.0	S	99453	93-93-93-93	132	11/18	03/29
7	吉林省												
7.1	白城	155.3	31.8	23.9	−25.6	56	2.8	S	99447	*-*->250-*	170	10/21	04/08
7.2	前郭尔罗斯	136.2	31.3	24.3	−25.6	59	2.4	SSW	98783		168	10/23	04/08
7.3	四平	165.7	30.7	24.5	−22.9	64	2.7	SSW	98493	148-145-148-145	163	10/26	04/06
7.4	长春	236.8	30.4	24.0	−24.3	64	3.5	SW	97680	139-169-169-169	168	10/23	04/08
7.5	敦化	524.9	28.6	22.5	−25.6	64	1.5	SSW	94640		184	10/16	04/17
7.6	东岗	774.2	27.6	21.5	−25.7	64	2.2	SW	92037		180	10/19	04/18
7.7	延吉	176.8	31.2	23.6	−21.3	61	1.9	ENE	98550	200->197-200->197	170	10/22	04/09

88

序号	省市及台站	海拔高度 (m)	夏季空调室外计算(℃) 干球温度	湿球温度	冬季空调室外计算温度 (℃)	夏季室外相对湿度 (%)	夏季室外平均风速 (m/s)	夏季最多风向	夏季室外大气压力 (mbar)	最大冻土深度 (cm)	附设计计算采暖期 日数 (d)	初日	终日
1	2	3	4	5	6	7	8	9	10	11	12	13	14
7.8	临江	332.7	30.7	23.5	-24.3	61	1.1	N	96840		168	10/23	04/08
8	黑龙江省												
8.1	漠河	433.0	29.1	20.8	-40.7	56	1.9	ESE	97127		225	09/25	05/07
8.2	呼玛	177.4	30.0	22.0	-36.9	56	1.8	SSE	98503		207	10/03	04/27
8.3	嫩江	242.2	29.9	22.3	-33.7	59	3.2	SE	97753	*-226-252-226	194	10/11	04/22
8.4	孙吴	234.5	29.3	22.2	-33.8	63	2.2	E	97780		201	10/07	04/25
8.5	克山	234.6	30.1	22.6	-30.4	59	2.4	SSW	97583		187	10/14	04/18
8.6	富裕	162.7	30.7	23.1	-29.6	58	3.0	S	98500		185	10/15	04/17
8.7	齐齐哈尔	147.1	31.2	23.5	-27.2	57	2.8	SE	98653	225-225-225-225	180	10/18	04/15
8.8	海伦	239.2	29.7	22.8	-30.6	61	3.1	SSE	97610	*-231-231-231	185	10/15	04/17
8.9	富锦	66.4	30.6	23.3	-27.1	60	3.0	SE	99790	*-*-228-*	182	10/18	04/17
8.10	安达	149.3	31.2	23.5	-28.3	56	2.8	SSW	98567	214-207-214-207	181	10/17	04/15
8.11	佳木斯	81.2	30.8	23.5	-27.2	60	2.9	SW	99407	220-*-220-*	179	10/19	04/15

续表

序号	省市及台站	海拔高度 (m)	夏季空调室外计算(℃)		冬季空调室外计算温度 (℃)	夏季室外相对湿度 (%)	夏季室外平均风速 (m/s)	夏季最多风向	夏季室外大气压力 (mbar)	最大冻土深度 (cm)	设计计算采暖期		
			干球温度	湿球温度							日数 (d)	初日	终日
1	2	3	4	5	6	7	8	9	10	11	12	13	14
8.12	肇 州	148.7	32.2	24.8	−27.3	60	3.1	S	98590		167	10/24	04/08
8.13	哈尔滨	142.3	30.6	23.8	−27.2	61	2.8	SW	98677	205-197-205-194	175	10/20	04/12
8.14	通 河	108.6	30.0	24.0	−29.5	65	3.1	ENE	99193		184	10/16	04/17
8.15	尚 志	189.7	29.9	23.8	−29.3	64	2.5	SW	98287		183	10/16	04/16
8.16	鸡 西	238.3	30.4	23.1	−24.3	59	2.7	W	97877	255-225-255-225	178	10/20	04/15
8.17	牡丹江	241.4	30.9	23.4	−25.9	58	2.1	SW	97743	191-189-191-189	176	10/20	04/13
8.18	绥芬河	567.8	28.5	22.0	−24.9	64	1.7	WNW	94967	241-*-*-*	186	10/16	04/19
	西北地区												
9	陕西省												
9.1	榆 林	1057.5	32.3	21.6	−19.2	44	2.3	SSE	88890	148-147-148-147	151	10/31	03/30
9.2	定 边	1360.3	33.2	22.6	−18.3	43	3.5	S	85660		144	11/06	03/29
9.3	绥 德	929.7	33.1	22.5	−15.1	47	2.6	SE	90220		140	11/08	03/27
9.4	延 安	958.5	32.5	22.8	−13.3	51	1.6	SW	89893	79-75-79-75	133	11/08	03/20

续表

序号	省市及台站	海拔高度(m)	夏季空调室外计算(℃) 干球温度	湿球温度	冬季空调室外计算温度(℃)	夏季室外相对湿度(%)	夏季室外平均风速(m/s)	夏季最多风向	夏季室外大气压力(mbar)	最大冻土深度(cm)	附设计计算采暖期 日数(d)	初日	终日
1	2	3	4	5	6	7	8	9	10	11	12	13	14
9.5	洛川	1159.8	30.0	22.0	−12.1	56	2.0	SSE	87823		141	11/08	03/28
9.6	西安	397.5	35.1	25.8	−5.6	54	1.6	NE	95707	45-24-45-24	99	11/25	03/03
9.7	汉中	509.5	32.3	26.0	−1.4	66	1.7	ENE	94703	○-○-◇-◇	79	11/29	02/15
9.8	安康	290.8	34.9	26.8	−0.7	59	1.6	E	96923	7-★-7-★	58	12/15	02/10
10	甘肃省												
10.1	敦煌	1139.0	34.1	21.1	−16.3	30	1.9	NE	87797	144-129-144-129	140	11/02	03/21
10.2	玉门镇	1526.0	30.7	18.0	−19.1	34	2.3	E	83983	★-★->150-★	158	10/25	03/31
10.3	酒泉	1477.2	30.4	19.5	−18.4	37	2.2	E	84553	132-132-132-132	155	10/27	03/30
10.4	民勤	1367.5	33.0	19.3	−17.1	34	2.5	E	85573		153	10/28	03/29
10.5	乌鞘岭	3045.1	19.1	12.4	−20.5	59	4.6	N	70497		241	09/24	05/22
10.6	兰州	1517.2	31.3	20.1	−11.4	43	1.3	E	84150	103-103-103-103	130	11/07	03/16
10.7	榆中	1874.4	27.9	18.7	−14.7	50	2.2	SE	80620		158	10/25	03/31
10.8	平凉	1346.6	29.8	21.3	−11.9	54	2.2	ESE	85810	62-52-★-52	143	11/06	03/28

91

续表

序号	省市及台站	海拔高度(m)	夏季空调室外计算(℃)		冬季空调室外计算温度(℃)	夏季室外相对湿度(%)	夏季室外平均风速(m/s)	夏季最多风向	夏季室外大气压力(mbar)	最大冻土深度(cm)	附设计计算采暖期		
			干球温度	湿球温度							日数(d)	初日	终日
1	2	3	4	5	6	7	8	9	10	11	12	13	14
10.9	西峰镇	1421.0	28.7	20.6	-12.9	55	3.2	S	85147		144	11/07	03/30
10.10	合作	2910.0	22.3	14.6	-16.3	54	1.3	NNW	71587		206	10/11	05/04
10.11	岷县	2315.0	24.8	17.5	-12.5	57	1.3	SSE	76787		164	10/26	04/07
10.12	武都	1079.1	32.6	22.4	-2.1	49	2.0	SE	88560	11-*-11-*	62	12/12	02/11
10.13	天水	1141.7	30.9	21.8	-8.2	53	1.3	E	87973	61-41-61-41	118	11/14	03/11
11	宁夏回族自治区												
11.1	银川	1111.4	31.3	22.2	-17.1	47	2.4	S	88137	103-100-88-100	144	11/05	03/28
11.2	盐池	1349.3	31.8	20.2	-17.7	38	3.4	SSE	85810	128-*-128-*	146	11/05	03/30
11.3	固原	1753.0	27.7	19.0	-17.1	52	2.8	SE	81910	114-*-*-*	163	10/24	04/04
12	青海省												
12.1	冷湖	2770.0	26.7	12.2	-18.9	20	4.2	NW	72580		195	10/09	04/21
12.2	大柴旦	3173.2	24.7	12.3	-21.0	29	2.4	W	69203		216	09/30	05/03
12.3	刚察	(3301.5)	18.9	12.2	-20.2	55	3.8	NNW	68167		242	09/23	05/22

序号	省市及台站	海拔高度(m)	夏季空调室外计算(℃)		冬季空调室外计算温度(℃)	夏季室外相对湿度(%)	夏季室外平均风速(m/s)	夏季最多风向	夏季室外大气压力(mbar)	最大冻土深度(cm)	附设计计算采暖期		
			干球温度	湿球温度							日数(d)	初日	终日
1	2	3	4	5	6	7	8	9	10	11	12	13	14
12.4	格尔木	2807.6	27.0	13.5	-15.5	28	2.0	W	72297	88-*-88-*	174	10/18	04/09
12.5	都兰	3191.1	24.6	12.7	-16.8	35	1.9	SE	69060	201-*-201-*	192	10/12	04/21
12.6	西宁	2295.2	26.4	16.6	-13.5	47	1.5	SE	77057	134-*-134-*	164	10/22	04/03
12.7	民和	1813.9	28.8	19.4	-13.0	49	1.4	ESE	81360		146	11/03	03/28
12.8	兴海	3323.2	21.3	13.3	-18.5	53	1.8	SE	68210		218	09/29	05/04
12.9	托托河	4533.1	16.4	8.4	-31.6	48	3.1	NE	58753		280	09/10	06/16
12.10	曲麻莱	4175.0	17.5	10.0	-22.9	50	2.2	ENE	61247		266	09/13	06/05
12.11	玉树	3681.2	21.9	13.2	-15.5	49	0.8	ENE	65137	>103-*-*-*	204	10/13	05/04
12.12	玛多	4272.3	15.9	8.9	-28.6	52	3.1	NE	60920	○-*-*-*	284	09/07	06/17
12.13	达日	3967.5	17.4	11.0	-20.8	57	1.8	NE	62947		255	09/18	05/30
12.14	囊谦	3643.7	22.5	13.4	-13.9	49	1.3	SE	65240		185	10/19	04/21
13	新疆维吾尔自治区												
13.1	阿勒泰	735.3	30.8	19.9	-29.3	41	2.9	W	92283	>146-*-*-*	175	10/20	04/12

序号	省市及台站	海拔高度 (m)	夏季空调室外计算(℃) 干球温度	湿球温度	冬季空调室外计算温度 (℃)	夏季室外相对湿度 (%)	夏季室外平均风速 (m/s)	夏季最多风向	夏季室外大气压力 (mbar)	最大冻土深度 (cm)	附设计计算采暖期 日数 (d)	初日	终日
1	2	3	4	5	6	7	8	9	10	11	12	13	14
13.2	富蕴	807.5	32.6	18.2	-33.9	33	2.6	W	91533		178	10/18	04/13
13.3	塔城	534.9	33.5	20.4	-24.3	37	2.1	NNW	94463		156	10/30	04/03
13.4	和布克赛尔	1291.6	28.6	16.4	-22.8	35	2.8	W	86567		188	10/11	04/16
13.5	克拉玛依	449.5	36.4	19.8	-26.1	25	4.7	NW	95573	197-★-197-★	147	11/02	03/28
13.6	精河	320.1	34.8	22.5	-25.3	38	1.8	S	96860		149	10/31	03/28
13.7	乌苏	478.7	35.0	21.4	-25.3	34	2.9	SW	95127		149	10/31	03/28
13.8	伊宁	662.5	32.9	21.3	-20.8	43	1.7	E	93253	62-★-62-★	140	11/06	03/25
13.9	乌鲁木齐	935.0	33.4	18.3	-23.4	32	3.1	S	93213	133-162-133-162	153	10/30	03/31
13.10	焉耆	1055.3	32.0	21.3	-19.6	38	1.5	NW	88923		147	10/31	03/26
13.11	吐鲁番	34.5	40.3	24.2	-16.8	25	1.3	W	99597	83-74-83-74	118	11/09	03/06
13.12	阿克苏	1103.8	32.6	21.6	-15.7	38	1.8	WNW	88263		130	11/06	03/15
13.13	库车	1081.9	33.8	20.2	-15.7	30	2.4	N	88520		127	11/08	03/14
13.14	喀什	1289.4	33.8	21.1	-14.3	33	2.1	SSE	86480	66-★-66-★	120	11/12	03/11

序号	省市及台站	海拔高度(m)	夏季空调室外计算(℃)		冬季空调室外计算温度(℃)	夏季室外相对湿度(%)	夏季室外平均风速(m/s)	夏季最多风向	夏季室外大气压力(mbar)	最大冻土深度(cm)	附设计计算采暖期		
			干球温度	湿球温度							日数(d)	初日	终日
1	2	3	4	5	6	7	8	9	10	11	12	13	14
13.15	巴楚	1116.5	35.5	21.4	-12.8	34	2.0	NE	87990		122	11/09	03/10
13.16	铁干里克	846.0	36.2	23.8	-15.1	28	2.3	E	90783		132	11/05	03/16
13.17	若羌	887.7	37.1	22.0	-15.0	26	3.0	NE	90320		128	11/07	03/14
13.18	莎车	1231.2	34.1	22.6	-13.1	36	1.4	N	86870		122	11/10	03/11
13.19	和田	1375.0	34.5	21.4	-12.6	35	2.0	SW	85417	67-*-67-*	113	11/15	03/07
13.20	民丰	1409.5	35.1	20.4	-13.6	27	1.9	NE	85117		123	11/09	03/11
13.21	哈密	737.2	35.8	22.3	-19.1	28	1.8	ESE	91927	127-112-127-112	141	11/02	03/22
	华东地区												
14	上海市												
14.1	上海市	5.5	34.6	28.2	-1.2	69	3.4	S	100573	8-8-8-8	40	12/31	02/08
15	山东省												
15.1	惠民	11.7	34.1	27.3	-10.1	61	2.7	SW	100193		119	11/16	03/14
15.2	龙口	4.8	32.0	26.7	-7.9	69	3.4	S	100357		116	11/25	03/20

序号	省市及台站	海拔高度 (m)	夏季空调室外计算(℃)		冬季空调室外计算温度(℃)	夏季室外相对湿度(%)	夏季室外平均风速(m/s)	夏季最多风向	夏季室外大气压力(mbar)	最大冻土深度(cm)	附设计计算采暖期		
			干球温度	湿球温度							日数(d)	初日	终日
1	2	3	4	5	6	7	8	9	10	11	12	13	14
15.3	荣 成	47.7	27.3	25.4	-7.1	84	4.1	NNW	100233		122	11/29	03/30
15.4	朝 阳	37.8	34.6	27.6	-8.9	61	2.7	S	99770		111	11/18	03/08
15.5	济 南	170.3	34.8	27.0	-7.7	56	2.8	SSW	99727	44-44-44-44	100	11/26	03/05
15.6	潍 坊ᵃ	22.2	34.2	27.1	-9.1	63	3.5	SE	100210	50-★-50-★	118	11/18	03/15
15.7	兖 州	51.7	34.1	27.5	-7.4	62	2.7	S	99737	★-39-48-39	104	11/24	03/07
15.8	莒 县	107.4	32.7	27.3	-8.8	68	2.5	SE	99077		117	11/19	03/15
16	江苏省												
16.1	徐 州	41.2	34.4	27.6	-5.6	65	2.2	SSE	99853	24-24-24-24	97	11/29	03/05
16.2	赣 榆	3.3	32.7	27.8	-6.3	73	2.6	SSW	100270		102	11/28	03/09
16.3	淮阴(清江)	14.4	33.3	28.1	-5.2	70	2.6	SE	100150	23-★-23-★	34	12/31	02/02
16.4	南 京	7.1	34.8	28.1	-4.0	65	2.4	SSE	100250	9-○-9-◇	79	12/11	02/27
16.5	东 台	4.3	34.0	28.2	-4.0	70	2.7	S	100357		85	12/11	03/05

a 说明：表列说明(6)→③中称昌潍(潍坊)。

续表

序号	省市及台站	海拔高度 (m)	夏季空调室外计算 (℃) 干球温度	夏季空调室外计算 (℃) 湿球温度	冬季空调室外计算温度 (℃)	夏季室外相对湿度 (%)	夏季室外平均风速 (m/s)	夏季最多风向	夏季室外大气压力 (mbar)	最大冻土深度 (cm)	附设计计算采暖期 日数 (d)	附设计计算采暖期 初日	附设计计算采暖期 终日
1	2	3	4	5	6	7	8	9	10	11	12	13	14
16.6	昌　四	5.5	33.3	28.0	-2.5	74	4.0	SSE	100397		70	12/22	03/01
17	浙江省												
17.1	杭　州	41.7	35.7	27.9	-2.2	62	2.7	SSW	99980	○-5-◇-5	43	12/31	02/11
17.2	舟　山	35.7	32.4	27.6	-0.4	74	3.2	SE	100210	○-★-★-★	38	12/31	02/06
17.3	衢　州	82.4	35.9	27.8	-0.9	59	2.5	WSW	99660	○-★-◇-★	38	12/31	02/06
17.4	温　州	28.3	34.1	28.4	1.5	71	1.9	ESE	100450	○-◇-◇-◇	0	—	—
17.5	洪　家	4.6	33.3	28.6	0	73	2.7	SSW	100590	○-○-◇	0	—	—
18	安徽省												
18.1	亳　州ᵃ	37.7	35.1	27.9	-5.4	63	2.6	S	99747	18-★-★-★	95	11/29	03/03
18.2	寿　县	22.7	34.2	28.7	-5.5	71	3.1	S	100050		94	11/29	03/02
18.3	蚌　埠	18.7	35.4	28.0	-4.6	64	2.8	S	100057	15-13-15-13	82	12/09	02/28
18.4	霍　山	68.1	35.6	28.1	-4.0	66	1.8	W	99527		77	12/10	02/24

a 说明：表列说明(6)→①中称亳县。

序号	省市及台站	海拔高度 (m)	夏季空调室外计算(℃) 干球温度	湿球温度	冬季空调室外计算温度 (℃)	夏季室外相对湿度 (%)	夏季室外平均风速 (m/s)	夏季最多风向	夏季室外大气压力 (mbar)	最大冻土深度 (cm)	附设计计算采暖期 日数 (d)	初日	终日
1	2	3	4	5	6	7	8	9	10	11	12	13	14
18.5	桐城	85.4	36.5	29.0	-2.9	68	3.2	NW	99423		50	12/22	02/09
18.6	合肥	26.8	35.1	28.1	-4.0	65	3.2	S	99907	11-★-11-★	72	12/14	02/23
18.7	安庆	19.8	35.3	28.1	-2.6	64	3.4	SW	100127	10-10-13-10	47	12/27	02/11
18.8	黄山	142.7	35.6	27.4	-2.1	60	1.6	SSW	99857	○-★-★-★	47	12/26	02/10
19	江西省												
19.1	宜春	131.3	35.4	27.4	-0.6	61	1.8	W	98967		38	12/31	02/06
19.2	吉安	71.2	35.9	27.7	-0.4	57	2.6	S	99607	○-★-◇-★	0	—	—
19.3	遂川	126.1	36.1	27.6	0.1	57	2.5	SSW	99050		0	—	—
19.4	赣州	137.5	35.5	27.1	0.6	56	1.7	SSW	99193	○-○-◇-◇	0	—	—
19.5	景德镇	61.5	36.0	27.8	-1.2	59	1.7	SW	99853	○-○-○-◇	38	12/31	02/06
19.6	南昌	46.9	35.6	28.3	-1.3	61	2.3	S	99867	○-○-○-◇	38	12/31	02/06
19.7	玉山	116.3	36.1	27.4	-0.9	57	1.9	SW	99243		0	—	—
19.8	南城	80.8	35.3	27.8	-0.9	60	3.8	S	99523		0	—	—

序号	省市及台站	海拔高度 (m)	夏季空调室外计算(℃) 干球温度	夏季空调室外计算(℃) 湿球温度	冬季空调室外计算温度(℃)	夏季室外相对湿度(%)	夏季室外平均风速(m/s)	夏季最多风向	夏季室外大气压力(mbar)	最大冻土深度(cm)	附设计计算采暖期 日数(d)	附设计计算采暖期 初日	附设计计算采暖期 终日
1	2	3	4	5	6	7	8	9	10	11	12	13	14
20	福建省												
20.1	建瓯	154.9	36.1	27.4	1.2	55	1.6	W	98823	—	0	—	—
20.2	南平	125.6	36.2	27.2	2.3	53	1.1	SE	99170	○-★-◇-★	0	—	—
20.3	福州	84.0	36.0	28.1	4.6	60	3.4	SE	99743	○-○-◇-◇	0	—	—
20.4	上杭	198.0	34.7	26.8	2.5	58	1.7	SE	98450	○-★-◇-★	0	—	—
20.5	永安	206.0	35.9	26.8	2.3	54	2.0	SW	98330	○-★-★-★	0	—	—
20.6	崇武	21.8	31.1	27.2	6.3	78	4.9	NE	100257		0	—	—
20.7	厦门	139.4	33.6	27.6	6.8	69	2.5	SE	99667	○-◇-★	0	—	—
	中南地区												
21	河南省												
21.1	安阳	62.9	34.8	27.4	-7.1	58	2.4	S	99487	35-★-35-★	102	11/24	03/05
21.2	卢氏	568.8	33.9	25.9	-6.5	58	1.3	SW	93853	★-27-★-27	107	11/24	03/10
21.3	郑州	110.4	35.0	27.5	-5.7	59	2.2	S	98907	27-★-27-★	96	11/28	03/03

续表

序号	省市及台站	海拔高度 (m)	夏季空调室外计算 (℃)		冬季空调室外计算温度 (℃)	夏季室外相对湿度 (%)	夏季室外平均风速 (m/s)	夏季最多风向	夏季室外大气压力 (mbar)	最大冻土深度 (cm)	附设计计算采暖期		
			干球温度	湿球温度							日数 (d)	初日	终日
1	2	3	4	5	6	7	8	9	10	11	12	13	14
21.4	南阳	129.2	34.4	27.9	−4.1	66	2.4	NE	98777	12-★-12-★	92	11/29	02/28
21.5	驻马店	82.7	35.0	28.0	−5.3	65	2.6	S	99293	16-★-★-★	94	11/29	03/02
21.6	信阳	114.5	34.5	27.7	−4.5	67	3.2	SSW	99143	8-7-8-7	77	12/13	02/27
21.7	商丘	50.1	34.7	28.1	−6.0	65	2.4	S	99663	32-★-32-★	99	11/27	03/05
22	湖北省												
22.1	郧西	249.1	36.0	28.7	−1.4	58	1.0	S	97517		64	12/11	02/12
22.2	老河口	90.0	35.0	28.1	−2.9	65	1.5	ESE	99140		71	12/14	02/22
22.3	钟祥	65.8	34.6	28.3	−2.1	67	3.6	SSE	99513		54	12/20	02/11
22.4	麻城	59.3	35.5	28.1	−2.3	62	2.4	S	99667		53	12/21	02/11
22.5	鄂州	457.1	34.3	26.4	0.7	58	0.7	SW	95387		37	12/31	02/05
22.6	宜昌	133.1	35.6	27.8	−0.8	62	1.9	SE	98830	○-★-◇-★	38	12/31	02/06
22.7	武汉	23.1	35.3	28.4	−2.4	63	2.0	SE	99967	10-双口无-10-双口无	49	12/24	02/10

续表

序号	省市及台站	海拔高度 (m)	夏季空调室外计算(℃)		冬季空调室外计算温度 (℃)	夏季室外相对湿度 (%)	夏季室外平均风速 (m/s)	夏季最多风向	夏季室外大气压力 (mbar)	最大冻土深度 (cm)	附设计计算采暖期		
			干球温度	湿球温度							日数 (d)	初日	终日
1	2	3	4	5	6	7	8	9	10	11	12	13	14
23	湖南省												
23.1	石 门	116.9	35.4	27.8	-1.5	61	2.7	SW	98923	★-★-◇-★	39	12/31	02/07
23.2	南 县	36.0	34.5	28.7	-1.8	68	2.4	S	99833		40	12/31	02/08
23.3	吉 首	208.4	34.8	27.2	-0.4	60	1.2	NE	97967		38	12/31	02/06
23.4	常 德	35.0	35.5	28.6	-1.3	65	2.2	S	99877	2-★-◇-★	39	12/31	02/07
23.5	长沙(望城)	68.0	36.5	29.0	-0.8	63	2.4	S	99563	5-4-5-4	31	12/31	01/30
23.6	芷 江	272.2	34.0	27.0	-0.9	62	1.6	NE	97297	○-★-★-★	38	12/31	02/06
23.7	株 洲	74.6	35.9	28.0	-0.4	60	2.6	S	99500	○-★-★-★	30	12/31	01/29
23.8	武 冈	341.0	34.2	26.5	-1.4	60	2.0	WSW	96610	○-★-★-★	39	12/31	02/07
23.9	永州(零陵)	172.6	34.9	27.0	-0.9	59	3.3	S	98620	○-★-★-★	0	12/31	—
23.10	常 宁	116.6	36.5	27.8	-0.6	59	2.8	S	99177		0	—	—
24	广西壮族自治区												
24.1	桂 林	164.4	34.2	27.3	1.1	62	1.8	NNE	98613	○-○-◇-◇	0	—	—

序号	省市及台站	海拔高度 (m)	夏季空调室外计算 (℃) 干球温度	夏季空调室外计算 (℃) 湿球温度	冬季空调室外计算温度 (℃)	夏季室外相对湿度 (%)	夏季室外平均风速 (m/s)	夏季最多风向	夏季室外大气压力 (mbar)	最大冻土深度 (cm)	附设计计算采暖期 日数 (d)	附设计计算采暖期 初日	附设计计算采暖期 终日
1	2	3	4	5	6	7	8	9	10	11	12	13	14
24.2	河 池	211.0	34.6	27.2	4.3	62	1.2	E	97983	★-★-◇-★	0	—	—
24.3	都 安	170.8	34.3	27.6	5.1	66	2.0	SSE	98417		0	—	—
24.4	百 色	173.5	36.0	27.8	7.2	61	1.8	SE	98387	○-★-★-★	0	—	—
24.5	桂 平	42.5	34.4	27.8	5.2	64	1.6	SSW	100003		0	—	—
24.6	梧 州	114.8	34.8	27.9	3.8	63	0.9	SE	99207	○-★-◇-★	0	—	—
24.7	龙 州	128.8	35.0	28.1	7.5	65	1.1	SW	98950		0	—	—
24.8	南 宁	121.6	34.4	27.9	5.8	66	1.5	SSE	99673	○-○-◇-◇	0	—	—
24.9	灵 山	66.6	33.9	27.8	4.6	69	2.0	S	99690		0	—	—
24.10	钦 州a	4.5	33.6	28.3	6.1	71	2.4	SSW	100363	★-○-★-★	0	—	—
25	广东省												
25.1	南 雄	133.8	35.0	27.2	1.7	58	2.0	WSW	99100	○-○-◇	0	—	—
25.2	韶 关	61.0	35.3	27.4	2.9	59	2.3	S	99843	○-○-◇-◇	0	—	—

a 说明：表列说明(6)→④中称钦县。

序号	省市及台站	海拔高度(m)	夏季空调室外计算(℃) 干球温度	夏季空调室外计算(℃) 湿球温度	冬季空调室外计算温度(℃)	夏季空调室外相对湿度(%)	夏季空调室外平均风速(m/s)	夏季最多风向	夏季室外大气压力(mbar)	最大冻土深度(cm)	附设计计算采暖期 日数(d)	附设计计算采暖期 初日	附设计计算采暖期 终日
1	2	3	4	5	6	7	8	9	10	11	12	13	14
25.3	广 州	41.0	34.2	27.8	5.3	66	1.5	SE	100287	○-○-◇	0	—	—
25.4	河 源	40.6	34.5	27.5	4.1	63	1.2	S	100157		0	—	—
25.5	增 城	38.9	34.0	27.9	5.6	67	2.1	SSW	100460		0	—	—
25.6	汕 头	2.9	33.4	27.7	7.3	71	2.7	WSW	100743	○-*-◇-*	0	—	—
25.7	汕 尾	17.3	32.3	27.8	7.5	75	2.8	SW	100643		0	—	—
25.8	阳 江	23.3	33.0	27.8	7.1	72	2.5	S	100367	○-*-◇-*	0	—	—
25.9	电 白	11.8	33.2	28.2	8.1	73	3.0	SSE	100437		0	—	—
26	海南省												
26.1	海 口	13.9	35.1	28.1	10.5	67	2.6	SSE	100340	○-*-◇-*	0	—	—
26.2	东 方	8.4	33.2	28.0	11.7	70	5.9	S	100403		0	—	—
26.3	琼 海	24.0	34.8	28.4	11.1	67	3.3	S	100243		0	—	—
27	西南地区 重庆市												

序号	省市及台站	海拔高度 (m)	夏季空调室外计算(℃)		冬季空调室外计算温度 (℃)	夏季室外相对湿度 (%)	夏季室外平均风速 (m/s)	夏季最多风向	夏季室外大气压力 (mbar)	最大冻土深度 (cm)	附设计计算采暖期		
			干球温度	湿球温度							日数 (d)	初日	终日
1	2	3	4	5	6	7	8	9	10	11	12	13	14
27.1	沙坪坝a	259.1	36.3	27.3	3.5	58	2.1	NW	97310	○-○-◇◇	0	—	—
27.2	酉阳	664.1	32.2	25.0	-1.8	62	0.9	SE	93090		48	12/27	02/12
28	四川省												
28.1	甘孜	3393.5	22.9	14.5	-13.3	52	1.9	ESE	67357	95-95-95-95	166	10/24	04/07
28.2	马尔康	2664.4	27.3	17.3	-5.9	51	1.2	WNW	73420	*-*-26-*	122	11/08	03/09
28.3	红原	3491.6	20.0	13.2	-18.8	59	2.2	N	66643		227	09/29	05/13
28.4	松潘	2850.7	24.2	15.4	-9.3	50	1.2	SSW	72100	*-50-◇-50	162	10/27	04/06
28.5	绵阳	522.7	32.8	26.3	0.8	65	1.3	WNW	95057	*-*-◇-*	0	—	—
28.6	理塘	3948.9	18.6	11.4	-13.3	54	1.5	SE	63113		202	10/18	05/07
28.7	成都	506.1	31.9	26.4	1.2	70	1.4	NNW	94770	○-*-◇-*	0	—	—

a 说明：表列说明(6)→③与④中称重庆。

续表

序号	省市及台站	海拔高度 (m)	夏季空调室外计算 (℃)		冬季空调室外计算温度 (℃)	夏季室外相对湿度 (%)	夏季室外平均风速 (m/s)	夏季最多风向	夏季室外大气压力 (mbar)	最大冻土深度 (cm)	附设计计算采暖期		
			干球温度	湿球温度							日数 (d)	初日	终日
1	2	3	4	5	6	7	8	9	10	11	12	13	14
28.8	乐 山	424.2	32.9	26.6	2.3	68	1.4	W	95653		0	—	—
28.9	九龙(岳池)	2987.3	24.9	15.4	−2.9	50	2.6	SSE	71350		113	11/14	03/06
28.10	宜 宾	340.8	33.8	27.3	3.1	66	1.0	NW	96537	○-○-◇◇	0	—	—
28.11	西 昌	1590.9	30.6	21.8	2.2	57	2.2	S	83423	○-○-◇◇	0	—	—
28.12	会 理	1787.3	28.0	20.9	2.7	61	1.2	S	81567	★-○-★-*	0	—	—
28.13	万 源	674.0	33.3	24.9	−0.5	57	2.1	NNW	93057	★-○-★-*	54	12/20	02/11
28.14	南 充	309.7	35.3	27.1	2.3	60	1.3	N	96913	○-○-◇◇	0	—	—
28.15	泸 州	334.8	34.6	27.2	2.7	66	1.6	E	96567		0	—	—
29	贵州省												
29.1	威 宁	2237.5	24.6	18.2	−6.4	68	2.6	SSE	77633	○-*-★-*	99	11/28	03/06
29.2	桐 梓	972.0	31.3	24.0	−1.7	62	2.1	SSE	89863		46	12/28	02/11

续表

序号	省市及台站	海拔高度 (m)	夏季空调室外计算 (℃)		冬季空调室外计算温度 (℃)	夏季室外相对湿度 (%)	夏季室外平均风速 (m/s)	夏季最多风向	夏季室外大气压力 (mbar)	最大冻土深度 (cm)	附设计计算采暖期		
			干球温度	湿球温度							日数 (d)	初日	终日
1	2	3	4	5	6	7	8	9	10	11	12	13	14
29.3	毕 节	1510.6	29.2	21.9	−3.3	62	1.3	SE	84337	○-★-◇-*	67	12/12	02/16
29.4	遵 义	843.9	31.8	24.3	−1.6	60	1.3	S	91093	○-○-◇-◇	41	12/31	02/09
29.5	贵 阳	1223.8	30.1	23.0	−2.5	62	2.1	S	88817	○-○-◇-◇	40	12/31	02/08
29.6	三 穗	626.9	32.0	25.4	−2.7	66	1.5	SSE	93617	◇-◇	50	12/25	02/12
29.7	兴 义	1378.5	28.7	22.2	−1.0	67	2.3	S	85783		0	—	—
30	云南省												
30.1	德 钦	3319.0	19.4	13.5	−6.4	64	1.1	W	68190	○-★-◇-*	191	10/27	05/05
30.2	丽 江	2392.4	25.5	18.1	1.4	58	4.0	W	75987	○-○-◇-◇	0	—	—
30.3	腾 冲	1654.6	26.3	20.5	5.5	74	1.3	SSW	83140	○-○-◇-◇	0	—	—
30.4	楚 雄	1824.1	27.9	20.0	3.5	59	1.4	SW	81793	○-○-◇-◇	0	—	—
30.5	昆 明	1892.4	26.3	19.9	1.1	65	1.8	SW	80733	○-○-◇	0	—	—

序号	省市及台站	海拔高度 (m)	夏季空调室外计算(℃) 干球温度	夏季空调室外计算(℃) 湿球温度	冬季空调室外计算温度 (℃)	夏季空调室外相对湿度 (%)	夏季空调室外平均风速 (m/s)	夏季最多风向	夏季室外大气压力 (mbar)	最大冻土深度 (cm)	附设计计算采暖期 日数 (d)	附设计计算采暖期 初日	附设计计算采暖期 终日
1	2	3	4	5	6	7	8	9	10	11	12	13	14
30.6	临沧	1502.4	28.5	21.3	7.8	64	1.4	NW	84573		0	—	—
30.7	澜沧	1054.8	31.8	23.1	9.1	64	1.1	WNW	89107		0	—	—
30.8	思茅	1302.1	29.6	22.1	7.3	66	0.9	SSW	86600	○-○-◇-◇	0	—	—
30.9	元江	400.6	36.7	26.6	10.5	55	3.0	ESE	95657		0	—	—
30.10	勐腊	631.9	33.0	25.4	9.6	67	0.9	S	93490		0	—	—
30.11	蒙自	1300.7	30.6	22.0	4.7	60	4.2	SSE	86543	○-*-*-*	0	—	—
31	西藏自治区												
31.1	拉萨	3648.9	24.0	13.5	−7.2	41	2.2	E	65200	26-26-26-26	136	11/04	03/19
31.2	昌都	3306.0	26.2	15.1	−7.4	44	1.5	WNW	67997	81-*-81-*	147	10/31	03/26
31.3	林芝	2991.8	22.9	15.6	−3.4	59	1.4	ENE	70697	14-*-*-*	119	11/15	03/13

（8）补充列表和统计表内县改市较多，本文未做更改。

（9）统计表内：山东省惠民县→惠民、成山头→荣成，江苏省吕泗→吕四，浙江省定海→舟山，安徽省屯溪→黄山，湖北省鄂西→鄂州，湖南省零陵→永州，四川省九龙→九龙（岳池）等均依据《实用供热空调设计手册》（第二版 上册）进行改动。

（10）香港的气象参数，除海拔（或拔海）高度外，其余均可大致参考深圳资料。

2. 设计用建筑类地面气候资料（室外气象参数）统计表，详见表 5-22。

5.3 简化统计方法

未列出的地区和城市，可按下列简化统计法近似地确定其气象参数：

（1）夏季空气调节室外计算干球温度，可按下式确定：

$$t_{wg} = 0.47\, t_{rp} + 0.53\, t_{max}$$

式中 t_{wg}——夏季空气调节室外计算干球温度，℃；

       t_{rp}——累计最热月平均温度，℃；

       t_{max}——累年极端最高温度，℃。

（2）夏季空气调节室外计算湿球温度，可按下式确定：

北部地区：$t_{ws} = 0.72\, t_{s.rp} + 0.28\, t_{s.max}$

中部地区：$t_{ws} = 0.75\, t_{s.rp} + 0.25\, t_{s.max}$

南部地区：$t_{ws} = 0.80\, t_{s.rp} + 0.20\, t_{s.max}$

式中 t_{ws}——夏季空气调节室外计算湿球温度，℃；

      $t_{s.rp}$——与累年最热月平均温度和平均相对湿度相对应的湿球温度，℃，可在当地大气压力下的 $I\text{-}d$ 图上查得；

     $t_{s.max}$——与累年极端最高温度和最热月平均相对湿度相对应的湿球温度，℃，可在当地大气压力下的 $I\text{-}d$ 图上查得。

（3）冬季空气调节室外计算温度，可按下式确定（化为整数）：

$$t_{wk} = 0.30t_{lp} + 0.70t_{p.min}$$

式中　t_{wk}——冬季空气调节室外计算温度，℃；

　　　t_{lp}——累计最冷月平均温度，℃；

　　　$t_{p.min}$——累年最低日平均温度，℃。

第四部分　冷却塔热力计算方法

第6章　冷却塔热力计算

6.1　内容梗概

冷却塔的设计计算包括热力计算、通风阻力计算、配水系统水力计算等，第6章主要介绍热力计算。针对一般计算过程归纳为十三个运算步骤，对于初学者较为方便。对各步骤的求解提供了多种方法。计算方法部分着重采用了近年来中小型冷却塔实验研究组的成果。为了保证计算精度，全部利用公式进行运算。并就石家庄市降温作了评价，提出了看法。

附注（有关资料采用）：1. 中国建筑工业出版社1973年10月出版的《给水排水设计手册（1常用资料）》；2. 中国建筑工业出版社1974年11月出版的《给水排水设计手册（5水质处理与循环水冷却）》。以下分别简称：给水排水设计手册（1）、给水排水设计手册（5）。

6.2　主要符号的名称及单位

主要符号的名称及单位

符号	名称	单位
t_1	冷却塔进水温度	℃
t_2	冷却塔出水温度	℃
t	水温	℃
Δt	水温差	℃
t_m	平均水温	℃
T	空气绝对温度	℃

符号	名称	单位
θ	空气干球温度	℃
τ	空气湿球温度	℃
Φ	空气相对湿度	%
P_0	大气压力	mmHg 或 MPa
P''	水面温度饱和蒸汽压力	mmHg 或 kg/cm²
P_q	进塔空气干球温度 θ 时的水蒸气分压力	kg/cm²
Δp	分压力差	kg/cm²
Q	冷却水量	m³/h 或 kg/h
C_w	水的比热容	kcal/(kg·℃)
γ	平均水温时水的汽化储热	kcal/kg
q	淋水密度	m³/(m²·h)
i	空气焓	kcal/kg
i_1	进塔空气焓	kcal/kg
i_2	出塔空气焓	kcal/kg
i_m	塔内空气的平均焓	kcal/kg
i''	水温 t 时的饱和空气焓	kcal/kg
γ_1	湿空气密度	kg/m³
γ_a	干空气密度	kg/m³
γ_q	水蒸气密度	kg/m³
γ''_q	饱和水蒸气密度	kg/m³
R_q	水蒸气气体常数	kgm/kg℃
λ	气水比	
K K_1	蒸发水量带走热量系数	—
Ω	交换数（冷却数）	
K_a	以焓差为基准的总容积散热系数	kg/(m³·h)
P''_θ	干球温度时的饱和空气水蒸气分压力	mm/Hg
P''_t	水温（t_1、t_2、t_m）时的饱和空气水蒸气分压力	mm/Hg
P''_τ	湿球温度时的饱和空气水蒸气分压力	mm/Hg

注：1 下标 1 为进塔，2 为出塔，m 为平均值；
　　2 Δi 为平均焓，kcal/kg。

6.3 塔内水的冷却原理

冷却塔内水的温度下降主要靠表面蒸发和接触传热来实现。

表面蒸发是由分子热运动引起的。水蒸发时，处于水表面动能较大的分子，首先克服水的内聚力，从水表面逸入空气中，从而使其他分子的平均动能减小，水的温度随之降低。当水温低于沸点时，水的表面蒸发是在水面温度饱和蒸汽压力 P'' 较空气中水蒸气分压力 P_q 大的情况下发生的。只要 $P'' > P_q$，水的表面蒸发就必然存在。所以说分压力差 $\Delta P = P'' - P_q$ 乃是水分子向空气中蒸发扩散的推动力。因蒸发所消耗的热量总是由水向空气传递，故水的蒸发冷却，可使水温低于空气的干球温度。然而当水温下降到接近湿球温度（τ）时，此时由于水的蒸发散热同空气气流向水传导的热量达到平衡，水的冷却达到理论冷却限度。τ 值一般被认为是冷却塔出水温度 t_2 的理论限值。当水温差（$t_1 - t_2$）较大时，冷幅（$t_2 - \tau$）大于 $4 \sim 5\text{℃}$；当水温差（$t_1 - t_2$）较小时（如 $3 \sim 4\text{℃}$），则冷幅（$t_2 - \tau$）取接近于（$t_1 - t_2$）。水的温度越高，水和空气的接触面越大，水面以上空气的流动速度越大以及空气的相对湿度越小，水的蒸发速度就越大；反之，蒸发速度就越小。

水面与较低温度的空气接触时，由于温差使水中的热量传到空气中去，水的温度得到降低。温差越大，传热效果越好。所以说温差（$t - \theta$）是水和空气接触传热的推动力。

一年中春、夏、秋三个季节，特别是夏季，室外气温高，蒸发散热起着主要作用，炎热的夏天蒸发散热量可达总散热量的 90% 以上。在冬季，由于气温降低，接触散热的作用增大，从夏季的 $10\% \sim 20\%$ 增加到 50% 左右，在严寒的时期甚至可以增加到 70%。这时冷却塔可在不开风机的情况下工作。

由此可知，夏季循环水在冷却塔内的冷却，表面蒸发起着巨大的作用，而对于冷却塔进行热力计算是以夏季的不利条件来考虑的，因此有关冷却塔热力计算的各种方法都是基于水的蒸发冷却原理的。

下面就石家庄市夏季水的蒸发冷却情况作一简要论述：

最热三个月（92 天）不保证天数采用 10 天，即保证率 $=\dfrac{92-10}{92}\times100\%=89\%\approx90\%$；进塔空气 $\theta=29.7℃$，$\tau=25.7℃$。

出塔水温 t_2 时的饱和蒸汽压力 P'' 查《给水排水设计手册（5 水质处理与循环水冷却）》（1974 年 11 月）九. 饱和水蒸气压力表附表 9-2。石家庄市：$\tau=25.7℃$ 时 1 大气压 $=1.0333\mathrm{kg/cm^2}$。

t_2 (℃)	22.3	22.5	23.0	24.0	25.0	26.0	27.0	28.0	……
P'' (kg/ cm^2)	0.02836	0.02872	0.02959	0.03143	0.03338	0.03541	0.03756	0.03982	……

进塔空气温度为 θ 时的水蒸气分压力 P_q，以下式计算：

$$P_q = \gamma_q R_q T \times 10^4 (\mathrm{kg/cm^2})$$

式中：γ''_q——饱和水蒸气密度，查《给水排水设计手册》（①常用资料）（1973 年 10 月）22. 饱和水蒸气"（2）按温度排列的饱和水蒸气表"，当 $\theta=29.7℃$ 时，$\gamma''_q=0.03900\mathrm{kg/m^3}$；

γ_q——水蒸气密度，$\gamma_q = \phi\gamma''_q = 0.71\times0.03900 = 0.02769(\mathrm{kg/m^3})$；

R_q——水蒸气气体常数，取 $R_q=47.06$ 公斤米/公斤℃；

T——空气绝对温度，$T=273+29.7=302.7℃$。

故

$$P_q = 0.02769\times47.06\times302.7\times10^{-4} = 0.03944(\mathrm{kg/cm^2})$$

由上述表列及计算看出：当 $t_2>22.3℃$ 时，$P''>P_q$，说明水的表面蒸发必然存在，且因热量传递结果可使水温低于空气的干球温度（$t_2<\theta$）及接近极限 τ 值。按一般实测结果，如取冷幅（$t_2-\tau$）$=3.5℃$，则 $t_2=25.7+3.5=29.2℃$。由此可知，无论理论推导还是实测结果，石家庄市冷却后水温 t_2 可以达到 29.2℃。

6.4 一般运算步骤

6.4.1 空气相对湿度（Φ）

可由下列三种方法之一决定。

a. 据气象系统实测资料统计整理：气象资料整理方法中已作介绍，故从略。石家庄石 $\Phi=71\%$；

b. 由公式 $\Phi = \dfrac{P''_\tau - 0.000662 P_0 (\theta + \tau)}{P''_\theta}$（%）计算决定。

式中：P''_τ——湿球温度时的饱和空气水蒸气分压力，查《给水排水设计手册（5 水质处理与循环水冷却）》（1974 年 11 月）（以下简称《手册》）［九．饱和水蒸气压力表 附表 9-1］（石家庄市：$\tau = 25.7℃$ 时，$P''_\tau = 24.92 \text{mmHg}$）；

P''_θ——干球温度时的饱和空气水蒸气分压力，查给水排水《手册》［九．饱和水蒸气压力表 附表 9-1］（石家庄市：$\theta = 29.7℃$ 时，$P''_\theta = 31.29 \text{mmHg}$）；

P_0——大气压力，石家庄市 746.8mmHg；

θ——空气干球温度，石家庄市 29.7℃；

τ——空气湿球温度，石家庄市 25.7℃。

$$\Phi = \frac{24.92 - 0.000662 \times 746.8(29.7 - 25.7)}{31.29}（\%）= 73\%；$$

c. 查《手册》［附录十一．空气相对湿度计算图附图 11-1 空气相对湿度计算图］（大气压力 $P_0 = 746.8 \text{mmHg}$）近似决定：石家庄市 $\theta = 29.7℃$、$\tau = 25.7℃$ 时，知 $\Phi = 70\%$。

三种方法求算结果比较如下：

方法	a	b	c
ϕ（%）	71	73	70

归纳：干湿球（29.7℃、25.7℃）相同前提下，三种方法（或三个途径）给出的答案依次为 $\phi = 71\%$、$\phi = 73\%$、$\Phi = 70\%$。其中

公式计算当中大气压力、干湿球温度时的饱和空气水蒸气分压力介入，得数偏高。

6.4.2 湿空气密度（γ_1）可由下列两种方式之一计算或查得。

（1）由公式 $\gamma_1 = \dfrac{(P_0 - \phi P''_\theta) \times 10^4}{29.27(273 + \theta)} + \dfrac{\phi \times 10^4 \times P''_\theta}{47.06(273 + \theta)} (\text{kg/m}^3)$
计算确定。

式中：P_0——大气压力，mmHg；

$\qquad$ P''_θ——干球温度（θ）时的饱和空气水蒸气分压力，查《手册》九．饱和水蒸气压力表附表 9-1，石家庄市 $\theta =$ 29.7℃时，$P''_\theta = 31.29\text{mmHg}$；

$\qquad$ ϕ——相对湿度，%；

$\qquad$ θ——干球温度，℃。

（2）查《手册》附录十二、湿空气容重计算图附图 12-1 "湿空气密度计算图（大气压力 $P_0 = 746.8\text{mmHg}$）"和附图 12-2 "湿空气的密度修正曲线"确定。

6.4.3 干空气密度（γ_a）

可由下列两种方式之一计算。

（1）由公式 $\gamma_a = \dfrac{(P_0 - \phi P''_\theta) \times 10^4}{29.27(273 + \theta)} (\text{kg/m}^3)$ 计算确定。

式中：P_0、P''_θ、ϕ、θ——同方式（1）。

（2）由 $\gamma_a = 0.98\gamma_1 (\text{kg/m}^3)$ 计算。

6.4.4 气水比（λ）

当前中小型冷却塔（冷却水量在 $500\text{m}^3/\text{h}$ 以内），多采用定型设备——玻璃钢冷却塔，则进塔干空气量为给定数值，因而 λ 值可通过计算确定。

$$\lambda = \frac{\gamma_a G}{Q \times 10^3}$$

式中：G——进塔空气量，m^3/h；

$\qquad$ Q——冷却水量，m^3/h。

6.4.5 蒸发水量带走热量系数（k、k_1）

可由下列两种方式之一计算或查得。

（1）由公式 $k=1+\dfrac{t_{\mathrm{m}}}{\gamma}(1-0.12\lambda)$，$k_1=1+0.53\dfrac{t_{\mathrm{m}}}{\gamma}(1-0.12\lambda)$
计算确定。

式中：γ——平均水温（t_{m}）时水的汽化潜热，查《给水排水设计
手册（1）》[15. 水的汽化热（γ）]，kcal/kg。

（2）查表 6-1 "各种平均水温及气水比的 $\dfrac{k=1+\dfrac{t_{\mathrm{m}}}{\gamma}(1-0.12\lambda)}{k_1=1+0.53\dfrac{t_{\mathrm{m}}}{\gamma}(1-0.12\lambda)}$
表"确定。

6.4.6　进塔空气焓（i_1）

可通过下列两种方式之一计算或查得。

（1）由公式 $i_1=0.24\theta+(370.09+0.292\theta)\dfrac{\phi P''_{\theta}}{P_0-\phi P''_{\theta}}$（kcal/kg）计
算确定。

式中：P_0——大气压力，mmHg；

$\quad P''_{\theta}$——干球温度（θ）时的饱和空气水蒸气分压力，查《手
册》九. 饱和水蒸气压力表附表 9-1，石家庄市 $\theta=$
29.7℃时，$P''_{\theta}=31.29$mmHg；

$\quad \phi$——相对湿度，%；

$\quad \theta$——干球温度，℃。

（2）查《手册》附录十三、空气含热量计算图附图 13-1 "空
气含热量计算图（$\theta=10\sim75$℃）"确定。

6.4.7　出塔空气焓（i_2）

$$i_2=i_1+\frac{k\Delta t}{\lambda}(\mathrm{kcal/kg})$$

6.4.8　塔内空气的平均焓（i_{m}）

$$i_{\mathrm{m}}=\frac{i_1+i_2}{2}(\mathrm{kcal/kg})$$

6.4.9　水温（t）时的饱和空气焓（i''）

可通过下列两种方式之一计算或查得。

116

（1）由公式 $i'' = 0.24t + (370.09 + 0.292t)\dfrac{P''_t}{P_0 - P'_t}$ (kcal/kg)
计算确定。

式中：P_0——大气压力，mmHg；

$\quad\quad P''_t$——水温（t_1、t_2 或 t_m）时的饱和空气水蒸气分压力，查
$\quad\quad\quad\quad$《手册》附表 9-1 "饱和水蒸气压力表（mmHg）"，
$\quad\quad\quad\quad$mmHg；

$\quad\quad t$——进水温度（t_1）、出水温度（t_2）或平均水温
$\quad\quad\quad\quad$（t_m），℃。

（2）查《手册》附录十三、空气含热量计算图附图 13-1 "空
气含热量计算图（$\theta = 10 \sim 75℃$）"确定。

6.4.10　交换数（Ω）

当前，国内外在冷却塔热力计算中较多采用焓差法，即以焓差
为驱动力求解交换数（Ω）。常用方法如下：

（1）辛普森近似积分法；

（2）辛普森近似积分法（二段展开式）；

（3）梯形近似积分法；

（4）平均焓差法（即别尔曼公式）；

（5）二次抛物线倒数积分法。

以上各方法详见后述例题。

6.4.11　总容积散热系数（k_a）

$$k_a = \frac{k_1 \Omega Q}{V} \times 10^3 [\text{kg/(m}^3 \cdot \text{h)}]\ \text{或}\ k_a = \frac{k_1 \Omega q}{z} \times 10^3 [\text{kg/(m}^3 \cdot$$
h)]

上列步骤求出的总容积散热系数（k_a），为在一定地区、一定
水温水量前提下所得之。它表明一定冷却任务下的主观要求。

6.4.12　填料热力特性方程

$$\text{通式为}\ K'_a = Ag^m q^n [\text{kg/(m}^3 \cdot \text{h)}]$$

式中：$\quad\quad g$——单位面积重量风速，$q = \dfrac{\gamma_a G}{3600F}[\text{kg/(m}^2 \cdot \text{s)}]$ 或

$$\quad\quad\quad\quad q = \lambda \cdot \frac{q}{3.6}[\text{kg/(m}^2 \cdot \text{s)}]；$$

A、m、n——常数。

近年来，中小型冷却塔试验研究组对 $35\times15\times60°$——1000 塑料斜坡，$50\times20\times60°$——1500 塑料斜坡，$\phi19$——1000 纸质蜂窝等几种填料的性能进行了全面试验研究。已就冷却水量（Q）、进塔干空气量（G）、进水温度（t_1）、湿球温度（τ）及淋水装置高度（z）等因素，对总容积散热系数（K'_a）的影响做了大量工作。整理出各种填料的热力特性方程，并按（$t_1=42℃$，$\tau=28.6℃$）进行了修正，公式如下。

（1）$35\times15\times60°$——1000 塑料斜坡

$q=8\text{m}^3/(\text{m}^2\cdot\text{h})$：

$k'_a = 7387g^{0.243}q^{0.355} - 92.5(t_1-42) - 159.4(\tau-28.6)$

$q=10\text{m}^3/(\text{m}^2\cdot\text{h})$：

$k'_a = 7387g^{0.243}q^{0.355} - 165.2(t_1-42) - 159.4(\tau-28.6)$

（2）$50\times20\times60°$——1500 塑料斜坡

$q=8\text{m}^3/(\text{m}^2\cdot\text{h})$：

$k'_a = 2517g^{0.132}q^{0.660} - 38.1(t_1-42) - 113.8(\tau-28.6)$

$q=10\text{m}^3/(\text{m}^2\cdot\text{h})$：

$k'_a = 2517g^{0.132}q^{0.660} - 70.8(t_1-42) - 113.8(\tau-28.6)$

$q=12\text{m}^3/(\text{m}^2\cdot\text{h})$：

$k'_a = 2517g^{0.132}q^{0.660} - 89.3(t_1-42) - 113.8(\tau-28.6)$

（3）$\phi19$——1000 纸质蜂窝

$k'_a = 3765g^{0.124}q^{0.362} - a(t_1-42) - b(t-28.6)$

式中：系数 a、b 未做试验整理。

以上 k'_a 即为一定塔一定填料的客观存在。

据研究各因素对 k'_a 的影响：$Q>t_1>G>\tau$。就每一个因素来看，当 Q、G 增大时，k'_a 增大；当 t_1、τ 增大时，k'_a 减小。就综合性能优劣而言，$50\times20\times60°$斜坡填料最佳，$30\times15\times60°$斜坡填料次之，蜂窝较差。

6.4.13 确定塔型

正确的设计应做到主客观一致，否则满足不了使用要求。在中小型冷却塔日趋成为定型设备之今日，热力计算的目的是合理选择塔型。因此通常采用 $k_a \leqslant k'_a$ 或 $V \leqslant V'$，或 $\frac{k_1 \Omega q}{z} = k'_a$（$k'_a$ 取用有关塔设计采用总容积散热系数）求出淋水密度 q，$Q' = qF$，使 $Q' \geqslant Q$。通过上述三种方法之一进行比较后确定塔型。

6.5　气水热交换基本图式

塔型：宜兴 BL（N）-200 型玻璃钢冷却塔 $G = 145000 \mathrm{m^3/h}$。

气象条件（采用上述石家庄市统计整理资料）：$\theta = 28.6℃$，$\tau = 24.6℃$，$P_0 = 747\mathrm{mmHg}$。

水温与水量：$t_1 = 38.5℃$，$t_2 = 28.5℃$，$\Delta t = 10℃$，$\theta = 200\mathrm{m^3/h}$。

题解如下：

6.5.1　空气相对湿度（ϕ）

采用石家庄市统计整理结果 $\phi = 71\%$。

6.5.2　湿空气密度（γ_1：略）

含有一定量水蒸气的空气为湿空气，不含有水蒸气的空气为干空气。湿空气中的水蒸气，分压占比很小，$1\mathrm{m^3}$ 的空气，大概有 $1.2\mathrm{kg}$ 空气，水蒸气仅几十克左右。

在冷却塔的水气热交换中，水蒸发吸收潜热、湿空气升温吸收潜热，是冷却水温度降低的原因。水的蒸发吸收热量是引起冷却水降温的主要原因，而水、气之间的温差传递则是次要的，二者比值将随着气候条件而变化。通常认为，水蒸发吸热占总散热量的 $75\% \sim 80\%$，温差传热占 $25\% \sim 20\%$；但是实际则不然，许多资料表明与实测数据证实，水蒸发吸收的热量随气候条件变化是很明显的，高达 95% 以上，故热力计算时湿空气空量 γ_1 常被省略。

6.5.3　干空气密度（γ_a）

$$\gamma_a = \frac{(P_0 - \phi P''_\theta) \times 10^4}{29.27(273 + \theta)}$$

$$= \frac{\left(\dfrac{747}{735.5} - 0.71 \times 0.03991\right) \times 10^4}{29.27(273 + 28.6)}$$

$$= 1.12(\mathrm{kg/m^3})$$

6.5.4 气水比（λ）

$$\lambda = \frac{\gamma_a G}{Q \times 10^3} = \frac{1.12 \times 145000}{200 \times 10^3} = 0.81$$

6.5.5 蒸发水量带走热量系数（K）

查表 2-1，当 $t_m = \dfrac{38.5 + 28.5}{2} = 33.5℃$ 时，$K = 1.0523$。

6.5.6 进塔空气焓（i_1）

采用湿球湿度（τ）时的饱和空气焓。

$$i_1 = 0.24\tau + (370.09 + 0.292\tau)\frac{P_\tau''}{P_0 - P_\tau''}$$

$$= 0.24 \times 24.6 + (370.09 + 0.292 \times 24.6)\frac{23.2}{747 - 23.2}$$

$$= 18.0(\text{kcal/kg})$$

6.5.7 出塔空气焓（i_2）

$$i_2 = i_1 + \frac{K\Delta t}{\lambda} = 18 + \frac{1.0523 \times 10}{0.81} = 31.0(\text{kcal/kg})$$

6.5.8 塔内空气的平均焓（i_m）

$$i_m = \frac{i_1 + i_2}{2} = \frac{18 + 31}{2} = 24.5(\text{kcal/kg})$$

6.5.9 水温（t）时的饱和空气焓（i''）

$$i'' = 0.24t + (370.09 + 0.292t)\frac{P_t''}{P_0 - P_t''}(\text{kcal/kg})$$

各种水温（t）时的饱和空气焓（i''）如下表所示。

t	38.5	37.5	36.5	35.5	34.5	33.5	32.5	31.5	30.5	29.5	28.5
i''	37.2	35.4	33.6	32.0	30.4	28.9	27.4	26.0	24.7	23.4	22.2

　　根据上述计算结果，以温度为横坐标，焓值为纵坐标，作气水热交换基本图式如下。

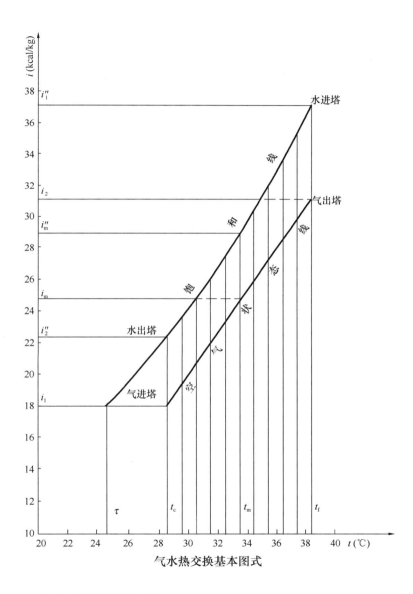

气水热交换基本图式

6.6 逆流塔计算

6.6.1 辛普森近似积分法

将水温差 $\Delta t = t_1 - t_2$ 区间按 n 等分进行划分（n 为偶数）；每

等分 $\mathrm{d}t = \dfrac{\Delta t}{n}$，相应于水温 t_2，则 $t_2 + \mathrm{d}t$、$t_2 + 2\mathrm{d}t$、……、$t_2 + (n-1)\mathrm{d}t$、$t_2 + n\mathrm{d}t$ 时的焓差 $(i'' - i)$ 分别为 Δi_0、Δi_1、Δi_2、……、Δi_{n-1}、Δi_n。按辛普森近似积分公式

$$\Omega = \int_{t_2}^{t_1} \frac{\mathrm{d}t}{i'' - i}$$

$$= \frac{\mathrm{d}t}{3}\left(\frac{1}{\Delta i_0} + \frac{4}{\Delta i_1} + \frac{2}{\Delta i_2} + \frac{4}{\Delta i_3} + \frac{2}{\Delta i_4} + \cdots + \frac{2}{\Delta i_{n-2}} + \frac{4}{\Delta i_{n-1}} + \frac{1}{\Delta i_n} \right)$$

例 II-1：$G = 145000\mathrm{m}^3/\mathrm{h}$，$\theta = 28.6℃$，$\tau = 24.6℃$，$P_0 = 747\mathrm{mmHg}$，$t_1 = 38.5℃$，$t_2 = 28.5℃$，即 $\Delta t = 10℃$，$Q = 200\mathrm{m}^3/\mathrm{h}$，求解 Ω。

题解：

（1）采用 $\phi = 71\%$。

（2）$\gamma_a = \dfrac{(P_0 - \phi P''_{\theta}) \times 10^4}{29.27(273 + \theta)}$

$$= \frac{\left(\dfrac{747}{735.5} - 0.71 \times 0.03991\right) \times 10^4}{29.27(273 + 28.6)}$$

$$= 1.12(\mathrm{kg/m}^3)$$

（3）$\lambda = \dfrac{\gamma_a G}{Q \times 10^3} = \dfrac{1.12 \times 145000}{200 \times 10^3} = 0.81$

（4）K 值由 t_m 查表 2-1。

（5）$i_1 = 0.24\theta + (370.09 + 0.292\theta)\dfrac{\phi P''_{\theta}}{P_0 - \phi P''_{\theta}}$

$$= 0.24 \times 28.6 + (370.09 + 0.292 \times 28.6)$$

$$\frac{0.71 \times 29.35}{(747 - 0.71 \times 29.35)}$$

$$= 17.72(\mathrm{kcal/kg})$$

（6）$i_{(n)} = i_{(n-1)} + \dfrac{K(n)\mathrm{d}t}{\lambda}(\mathrm{kcal/kg})$

（7）$i'' = 0.24t + (370.09 + 0.292t)\dfrac{P''_t}{P_0 - P''_t}(\mathrm{kcal/kg})$

（8）K、i、i'' 详见辛普森近似积分法列表格式及计算结果列表。

辛普森近似积分法列表格式

t	i''	K	i	Δi	$\frac{1}{\Delta t}$
$t_{(0)} = t_2 = 28.5$	$i''_{(0)} = f(t_{(0)}, P_0)$	—	$i_{(0)} = i_1 = f(\theta, \phi, P_0)$	$\Delta i_0 = i''_{(0)} - i_{(0)}$	$\frac{1}{\Delta i_0}$
$t_{(1)} = t_{(0)} + 1$	$i''_{(1)} = f(t_{(1)}, P_0)$	$K_{(1)} = f\left(\frac{t_{(0)}+t_{(1)}}{2}, \lambda\right)$	$i_{(1)} = i_{(0)} + \frac{K_{(1)} \times 1}{\lambda}$	$\Delta i_1 = i''_{(1)} - i_{(1)}$	$\frac{1}{\Delta i_1}$
$t_{(2)} = t_{(1)} + 1$	$i''_{(2)} = f(t_{(2)}, P_0)$	$K_{(2)} = f\left(\frac{t_{(1)}+t_{(2)}}{2}, \lambda\right)$	$i_{(2)} = i_{(1)} + \frac{K_{(2)} \times 1}{\lambda}$	$\Delta i_2 = i''_{(2)} - i_{(2)}$	$\frac{1}{\Delta i_2}$
$t_{(3)} = t_{(2)} + 1$	$i''_{(3)} = f(t_{(3)}, P_0)$	$K_{(3)} = f\left(\frac{t_{(2)}+t_{(3)}}{2}, \lambda\right)$	$i_{(3)} = i_{(2)} + \frac{K_{(3)} \times 1}{\lambda}$	$\Delta i_3 = i''_{(3)} - i_{(3)}$	$\frac{1}{\Delta i_3}$
$t_{(4)} = t_{(3)} + 1$	$i''_{(4)} = f(t_{(4)}, P_0)$	$K_{(4)} = f\left(\frac{t_{(3)}+t_{(4)}}{2}, \lambda\right)$	$i_{(4)} = i_{(3)} + \frac{K_{(4)} \times 1}{\lambda}$	$\Delta i_4 = i''_{(4)} - i_{(4)}$	$\frac{1}{\Delta i_4}$
$t_{(5)} = t_{(4)} + 1$	$i''_{(5)} = f(t_{(5)}, P_0)$	$K_{(5)} = f\left(\frac{t_{(4)}+t_{(5)}}{2}, \lambda\right)$	$i_{(5)} = i_{(4)} + \frac{K_{(5)} \times 1}{\lambda}$	$\Delta i_5 = i''_{(5)} - i_{(5)}$	$\frac{1}{\Delta i_5}$
$t_{(6)} = t_{(5)} + 1$	$i''_{(6)} = f(t_{(6)}, P_0)$	$K_{(6)} = f\left(\frac{t_{(5)}+t_{(6)}}{2}, \lambda\right)$	$i_{(6)} = i_{(5)} + \frac{K_{(6)} \times 1}{\lambda}$	$\Delta i_6 = i''_{(6)} - i_{(6)}$	$\frac{1}{\Delta i_6}$
$t_{(7)} = t_{(6)} + 1$	$i''_{(7)} = f(t_{(7)}, P_0)$	$K_{(7)} = f\left(\frac{t_{(6)}+t_{(7)}}{2}, \lambda\right)$	$i_{(7)} = i_{(6)} + \frac{K_{(7)} \times 1}{\lambda}$	$\Delta i_7 = i''_{(7)} - i_{(7)}$	$\frac{1}{\Delta i_7}$
$t_{(8)} = t_{(7)} + 1$	$i''_{(8)} = f(t_{(8)}, P_0)$	$K_{(8)} = f\left(\frac{t_{(7)}+t_{(8)}}{2}, \lambda\right)$	$i_{(8)} = i_{(7)} + \frac{K_{(8)} \times 1}{\lambda}$	$\Delta i_8 = i''_{(8)} - i_{(8)}$	$\frac{1}{\Delta i_8}$
$t_{(9)} = t_{(8)} + 1$	$i''_{(9)} = f(t_{(9)}, P_0)$	$K_{(9)} = f\left(\frac{t_{(8)}+t_{(9)}}{2}, \lambda\right)$	$i_{(9)} = i_{(8)} + \frac{K_{(9)} \times 1}{\lambda}$	$\Delta i_9 = i''_{(9)} - i_{(9)}$	$\frac{1}{\Delta i_9}$
$t_{(10)} = t_{(9)} + 1 = t_1 = 38.5$	$i''_{(10)} = f(t_{(10)}, P_0)$	$K_{(10)} = f\left(\frac{t_{(9)}+t_{(10)}}{2}, \lambda\right)$	$i_{(10)} = i_{(9)} + \frac{K_{(10)} \times 1}{\lambda}$	$\Delta i_{10} = i''_{(10)} - i_{(10)}$	$\frac{1}{\Delta i_{10}}$

$\Delta t = 10℃$：

$$\Omega = \int_{t_2}^{t_1} \frac{dt}{i'' - i} = \frac{1}{3}\left(\frac{1}{\Delta i_0} + \frac{4}{\Delta i_1} + \frac{2}{\Delta i_2} + \frac{4}{\Delta i_3} + \frac{2}{\Delta i_4} + \frac{4}{\Delta i_5} + \frac{2}{\Delta i_6} + \frac{4}{\Delta i_7} + \frac{2}{\Delta i_8} + \frac{4}{\Delta i_9} + \frac{1}{\Delta i_{10}}\right)$$

（9）据计算结果以水温（t）为横坐标、以 $\left(\dfrac{1}{\Delta i}\right)$ 为纵坐标，绘制辛普森近似积分图式。图中"ABt_1t_2"所围的面积积分展开式，即为辛普森近似积分法公式。

t	i''	K	i	Δi	$\dfrac{1}{\Delta i}$
28.5	22.2	—	17.72	4.48	0.2232
29.5	23.4	1.0450	19.01	4.39	0.2278
30.5	24.7	1.0460	20.30	4.40	0.2273
31.5	26.0	1.0482	21.59	4.41	0.2268
32.5	27.4	1.0498	22.89	4.51	0.2217
33.5	28.9	1.0514	24.19	4.71	0.2123
34.5	30.4	1.0531	25.49	4.91	0.2037
35.5	32.0	1.0547	26.79	5.21	0.1919
36.5	33.6	1.0563	28.09	5.51	0.1815
37.5	35.4	1.0579	29.40	6.00	0.1667
38.5	37.2	1.0596	30.71	6.49	0.1541

$$\Omega = \frac{1}{3}(0.2232 + 4 \times 0.2278 + 2 \times 0.2273 + 4 \times 0.2268 + 2$$
$$\times 0.2217 + 4 \times 0.2123 + 2 \times 0.2037 + 4 \times 0.1919 + 2$$
$$\times 0.1815 + 4 \times 0.1667 + 0.1541)$$
$$= 2.04$$

6.6.2 辛普森近似积分法（二段展开式）

实际工程中精度要求不高时，可采用辛普森近似积分法（二段展开式）进行运算。通式为

$$\Omega = \int_{t_2}^{t_1} \frac{\mathrm{d}t}{i'' - i}$$
$$= \frac{\Delta t}{6}\left(\frac{1}{i''_1 - i_2} + \frac{4}{i''_m - i_m} + \frac{1}{i''_2 - i_1}\right)$$

例Ⅱ-2：$G = 145000\text{m}^3/\text{h}$，$\theta = 28.6℃$，$\tau = 24.6℃$ $P_0 = 747\text{mmHg}$，$t_1 = 38.5℃$，$t_2 = 28.5℃$，即 $\Delta t = 10℃$，$Q = 200\text{m}^3/\text{h}$，求解 Ω。

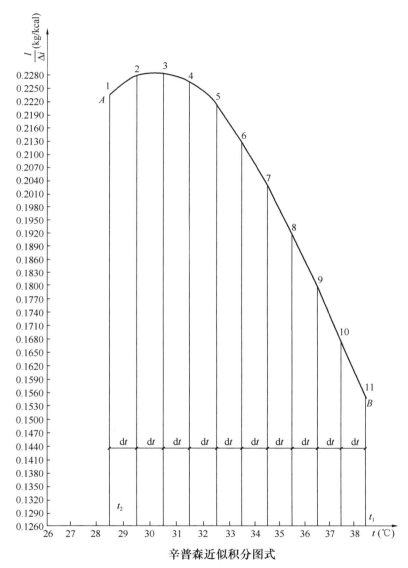

辛普森近似积分图式

题解：

（1）采用 $\phi = 71\%$。

（2）$\gamma_a = \dfrac{(P_0 - \phi P''_\theta) \times 10^4}{29.27(273 + \theta)}$

$$= \frac{\left(\frac{747}{735.5} - 0.71 \times 0.03991\right) \times 10^4}{29.27(273 + 28.6)}$$

$$= 1.12(\text{kg/m}^3)$$

(3) $\lambda = \dfrac{\gamma_a G}{Q \times 10^3} = \dfrac{1.12 \times 145000}{200 \times 10^3} = 0.81$

(4) 查表 2-1，当 $t_m = \dfrac{38.5 + 28.5}{2} = 33.5\text{℃}$ 时，$K = 1.0523$。

(5) $i_1 = 0.24\theta + (370.09 + 0.292\theta) \dfrac{\phi P''_\theta}{P_0 - \phi P''_\theta}$

$$= 0.24 \times 28.6 + (370.09 + 0.292 \times 28.6)$$

$$\frac{0.71 \times 29.35}{747 - 0.71 \times 29.35}$$

$$= 17.72(\text{kcal/kg})$$

(6) $i_2 = i_1 + \dfrac{K\Delta t}{\lambda}$

$$= 17.72 + \frac{1.0523 \times 10}{0.81} = 30.71(\text{kcal/kg})$$

(7) $i_m = \dfrac{i_1 + i_2}{2} = \dfrac{(17.72 + 30.71)}{2} = 24.22(\text{kcal/kg})$

(8) $i'' = 0.24t + (370.09 + 0.292t) \dfrac{P''_t}{P_\theta - P''_t}(\text{kcal/kg})$

$t_1 = 38.5\text{℃}$ 时，$i''_1 = 37.20(\text{kcal/kg})$

$t_2 = 28.5\text{℃}$ 时，$i''_2 = 22.20(\text{kcal/kg})$

$t_m = 33.5\text{℃}$ 时，$i''_m = 28.90(\text{kcal/kg})$

(9) $\Omega = \dfrac{10}{6}\left(\dfrac{1}{(37.2 - 30.71)} + \dfrac{4}{(28.9 - 24.22)}\right.$

$$\left. + \frac{1}{(22.2 - 17.72)}\right) = 2.05$$

6.6.3 梯形近似积分法

如梯形近似积分法分格图所示，将水温差 $t_{m1} - t_{m2}$ 区间分成 n 个等分，每个等分的温度值用 dt 表示。此时，dt 内的积分 $\int_t^{t+\mathrm{d}t} \dfrac{\mathrm{d}t}{i'' - i}$ 可以近似地看作梯形的面积，这个小梯形的高为 dt，水

温 $t+\dfrac{\mathrm{d}t}{2}$ 时的 $\dfrac{1}{i''-i}$ 值作为该梯形的"上下两个底边之和的一半"。求各小梯形的面积之和,即为交换数数值。

$$\Omega = \int_{t_2}^{t_1} \frac{\mathrm{d}t}{i''-i} = \left(\Sigma \frac{1}{\Delta i}\right)\mathrm{d}t$$

例 Ⅱ-3: $G=145000\mathrm{m}^3/\mathrm{h}$, $\theta=28.6℃$, $\tau=24.6℃$, $P_0=747\mathrm{mmHg}$, $t_1=38.5℃$, $t_2=28.5℃$ 即 $\Delta t=10℃$, $Q=200\mathrm{m}^3/\mathrm{h}$, 求解 Ω。

题解:

(1) 采用 $\phi=71\%$。

(2) $\gamma_{\mathrm{a}} = \dfrac{(P_0 - \phi P''_\theta)\times10^4}{29.27(273+\theta)}$

$\qquad = \dfrac{\left(\dfrac{747}{735.5} - 0.71\times0.03991\right)\times10^4}{29.27(273+28.6)}$

$\qquad = 1.12(\mathrm{kg/m}^3)$

(3) $\lambda = \dfrac{\gamma_{\mathrm{a}}G}{Q\times10^3} = \dfrac{1.12\times145000}{200\times10^3} = 0.81$

(4) K 值由 t_{m} 查表 6-1 确定。

(5) $i_1 = 0.24\theta + (370.09+0.292\theta)\dfrac{\phi P''_\theta}{P_0-\phi P''_\theta}$

$\qquad = 0.24\times28.6 + (370.09+0.292\times28.6)$

$\qquad \dfrac{0.71\times29.35}{747-0.71\times29.35}$

$\qquad = 17.72(\mathrm{kcal/kg})$

(6) $i_{(n)} = i_{(n-1)} + \dfrac{K(n)\mathrm{d}t}{\lambda}(\mathrm{kcal/kg})$

(7) $i_{\mathrm{m}} = \dfrac{i_{(n-1)} + i_{(n)}}{2}(\mathrm{kcal/kg})$

(8) $i''_{\mathrm{m}} = 0.24t_{\mathrm{m}} + (370.09+0.292t_{\mathrm{m}})\dfrac{Pt''_{\mathrm{m}}}{P_0 - Pt''_{\mathrm{m}}}(\mathrm{kcal/kg})$

(9) K、i、i_{m}、i''_{m} 详见梯形近似积分法列表格式及计算结果列表。

梯形近似积分法列表格式

t	K	i	平均值			$\Delta i_\mathrm{m}=i''_\mathrm{m}-i_\mathrm{m}$	$\dfrac{1}{\Delta i_\mathrm{m}}$
			t_m	i''_m	i_m		
$t_{(0)}=t_2$ $=28.5$	—	$i_{(0)}=i_1$ $=f(\theta,\,\phi,\,P_0)$					
$t_{(1)}=t_{(0)}+1$	$K_{(1)}=$ $f\!\left(\dfrac{t_{(0)}+t_{(1)}}{2},\,\lambda\right)$	$i_{(1)}=i_{(0)}$ $+\dfrac{K_{(1)}\times1}{\lambda}$	$t_{(0\text{-}1)}=\dfrac{t_{(0)}+t_{(1)}}{2}$	$i''_{(0\text{-}1)}=f[t_{(0\text{-}1)},\,P_0]$	$i_{(0\text{-}1)}=\dfrac{i_{(0)}+i_{(1)}}{2}$	$\Delta i_{(0\text{-}1)}=$ $i''_{(0\text{-}1)}-i_{(0\text{-}1)}$	$\dfrac{1}{\Delta i_{(0\text{-}1)}}$
$t_{(2)}=t_{(1)}+1$	$K_{(2)}=$ $f\!\left(\dfrac{t_{(1)}+t_{(2)}}{2},\,\lambda\right)$	$i_{(2)}=i_{(1)}$ $+\dfrac{K_{(2)}\times1}{\lambda}$	$t_{(1\text{-}2)}=\dfrac{t_{(1)}+t_{(2)}}{2}$	$i''_{(1\text{-}2)}=f[t_{(1\text{-}2)},\,P_0]$	$i_{(1\text{-}2)}=\dfrac{i_{(1)}+i_{(2)}}{2}$	$\Delta i_{(1\text{-}2)}=$ $i''_{(1\text{-}2)}-i_{(1\text{-}2)}$	$\dfrac{1}{\Delta i_{(1\text{-}2)}}$
$t_{(3)}=t_{(2)}+1$	$K_{(3)}=$ $f\!\left(\dfrac{t_{(2)}+t_{(3)}}{2},\,\lambda\right)$	$i_{(3)}=i_{(2)}$ $+\dfrac{K_{(3)}\times1}{\lambda}$	$t_{(2\text{-}3)}=\dfrac{t_{(2)}+t_{(3)}}{2}$	$i''_{(2\text{-}3)}=f[t_{(2\text{-}3)},\,P_0]$	$i_{(2\text{-}3)}=\dfrac{i_{(2)}+i_{(3)}}{2}$	$\Delta i_{(2\text{-}3)}=$ $i''_{(2\text{-}3)}-i_{(2\text{-}3)}$	$\dfrac{1}{\Delta i_{(2\text{-}3)}}$
$t_{(4)}=t_{(3)}+1$	$K_{(4)}=$ $f\!\left(\dfrac{t_{(3)}+t_{(4)}}{2},\,\lambda\right)$	$i_{(4)}=i_{(3)}$ $+\dfrac{K_{(4)}\times1}{\lambda}$	$t_{(3\text{-}4)}=\dfrac{t_{(3)}+t_{(4)}}{2}$	$i''_{(3\text{-}4)}=f[t_{(3\text{-}4)},\,P_0]$	$i_{(3\text{-}4)}=\dfrac{i_{(3)}+i_{(4)}}{2}$	$\Delta i_{(3\text{-}4)}=$ $i''_{(3\text{-}4)}-i_{(3\text{-}4)}$	$\dfrac{1}{\Delta i_{(3\text{-}4)}}$
$t_{(5)}=t_{(4)}+1$	$K_{(5)}=$ $f\!\left(\dfrac{t_{(4)}+t_{(5)}}{2},\,\lambda\right)$	$i_{(5)}=i_{(4)}$ $+\dfrac{K_{(5)}\times1}{\lambda}$	$t_{(4\text{-}5)}=\dfrac{t_{(4)}+t_{(5)}}{2}$	$i''_{(4\text{-}5)}=f[t_{(4\text{-}5)},\,P_0]$	$i_{(4\text{-}5)}=\dfrac{i_{(4)}+i_{(5)}}{2}$	$\Delta i_{(4\text{-}5)}=$ $i''_{(4\text{-}5)}-i_{(4\text{-}5)}$	$\dfrac{1}{\Delta i_{(4\text{-}5)}}$
$t_{(6)}=t_{(5)}+1$	$K_{(6)}=$ $f\!\left(\dfrac{t_{(5)}+t_{(6)}}{2},\,\lambda\right)$	$i_{(6)}=i_{(5)}$ $+\dfrac{K_{(6)}\times1}{\lambda}$	$t_{(5\text{-}6)}=\dfrac{t_{(5)}+t_{(6)}}{2}$	$i''_{(5\text{-}6)}=f[t_{(5\text{-}6)},\,P_0]$	$i_{(5\text{-}6)}=\dfrac{i_{(5)}+i_{(6)}}{2}$	$\Delta i_{(5\text{-}6)}=$ $i''_{(5\text{-}6)}-i_{(5\text{-}6)}$	$\dfrac{1}{\Delta i_{(5\text{-}6)}}$

t	K	i	平均值			$\Delta i_m = i''_m - i_m$	$\dfrac{1}{\Delta i_m}$
			t_m	i''_m	i_m		
$t_{(7)} = t_{(6)} + 1$	$K_{(7)} = f\left(\dfrac{t_{(6)} + t_{(7)}}{2},\ \lambda\right)$	$i_{(7)} = i_{(6)} + \dfrac{K_{(7)} \times 1}{\lambda}$	$t_{(6\text{-}7)} = \dfrac{t_{(6)} + t_{(7)}}{2}$	$i''_{(6\text{-}7)} = f[t_{(6\text{-}7)},\ P_0]$	$i_{(6\text{-}7)} = \dfrac{i_{(6)} + i_{(7)}}{2}$	$\Delta i_{(6\text{-}7)} = i''_{(6\text{-}7)} - i_{(6\text{-}7)}$	$\dfrac{1}{\Delta i_{(6\text{-}7)}}$
$t_{(8)} = t_{(7)} + 1$	$K_{(8)} = f\left(\dfrac{t_{(7)} + t_{(8)}}{2},\ \lambda\right)$	$i_{(8)} = i_{(7)} + \dfrac{K_{(8)} \times 1}{\lambda}$	$t_{(7\text{-}8)} = \dfrac{t_{(7)} + t_{(8)}}{2}$	$i''_{(7\text{-}8)} = f[t_{(7\text{-}8)},\ P_0]$	$i_{(7\text{-}8)} = \dfrac{i_{(7)} + i_{(8)}}{2}$	$\Delta i_{(7\text{-}8)} = i''_{(7\text{-}8)} - i_{(7\text{-}8)}$	$\dfrac{1}{\Delta i_{(7\text{-}8)}}$
$t_{(9)} = t_{(8)} + 1$	$K_{(9)} = f\left(\dfrac{t_{(8)} + t_{(9)}}{2},\ \lambda\right)$	$i_{(9)} = i_{(8)} + \dfrac{K_{(9)} \times 1}{\lambda}$	$t_{(8\text{-}9)} = \dfrac{t_{(8)} + t_{(9)}}{2}$	$i''_{(8\text{-}9)} = f[t_{(8\text{-}9)},\ P_0]$	$i_{(8\text{-}9)} = \dfrac{i_{(8)} + i_{(9)}}{2}$	$\Delta i_{(8\text{-}9)} = i''_{(8\text{-}9)} - i_{(8\text{-}9)}$	$\dfrac{1}{\Delta i_{(8\text{-}9)}}$
$t_{(10)} = t_{(9)} + 1$ $= t_1 = 38.5$	$K_{(10)} = f\left(\dfrac{t_{(9)} + t_{(10)}}{2},\ \lambda\right)$	$i_{(10)} = i_{(9)} + \dfrac{K_{(10)} \times 1}{\lambda}$	$t_{(9\text{-}10)} = \dfrac{t_{(9)} + t_{(10)}}{2}$	$i''_{(9\text{-}10)} = f[t_{(9\text{-}10)},\ P_0]$	$i_{(9\text{-}10)} = \dfrac{i_{(9)} + i_{(10)}}{2}$	$\Delta i_{(9\text{-}10)} = i''_{(9\text{-}10)} - i_{(9\text{-}10)}$	$\dfrac{1}{\Delta i_{(9\text{-}10)}}$

$\Delta t = 10°C$

$$\Omega = \int_{t_2}^{t_1} \frac{dt}{i'' - i} = \left(\frac{1}{\Delta i_{(0\text{-}1)}} + \frac{1}{\Delta i_{(1\text{-}2)}} + \frac{1}{\Delta i_{(2\text{-}3)}} + \frac{1}{\Delta i_{(3\text{-}4)}} + \frac{1}{\Delta i_{(4\text{-}5)}} + \frac{1}{\Delta i_{(5\text{-}6)}} + \frac{1}{\Delta i_{(6\text{-}7)}} + \frac{1}{\Delta i_{(7\text{-}8)}} + \frac{1}{\Delta i_{(8\text{-}9)}} + \frac{1}{\Delta i_{(9\text{-}10)}}\right) \times 1$$

（10）据计算结果以水温（t_m）为横坐标，以$\left(\dfrac{1}{\Delta i_\mathrm{m}}\right)$为纵坐标绘制梯形积分法分格图。

t	K	i	平均值			$\Delta i_\mathrm{m} = i''_\mathrm{m} - i_\mathrm{m}$	$\dfrac{1}{\Delta i_\mathrm{m}}$
			t_m	i''_m	i_m		
28.5	—	17.72	29.0	22.82	18.37	4.45	0.2247
29.5	1.0450	19.01	30.0	24.05	19.66	4.39	0.2278
30.5	1.0466	20.30	31.0	25.35	20.95	4.40	0.2273
31.5	1.0482	21.59	32.0	26.70	22.24	4.46	0.2242
33.5	1.0498	22.89	33.0	28.12	23.54	4.58	0.2183
33.5	1.0514	24.19	34.0	29.60	24.84	4.76	0.2101
34.5	1.0531	25.49	35.0	31.16	26.14	5.02	0.1992
35.5	1.0547	26.79	36.0	32.78	27.44	5.34	0.1873
36.5	1.0563	28.09	37.0	34.49	28.75	5.74	0.1742
37.5	1.0579	29.40	38.0	36.28	30.06	6.22	0.1608
38.5	1.0596	30.71					

$\Omega = (0.2247 + 0.2278 + 0.2273 + 0.2242 + 0.2183 + 0.2101 + 0.1992 + 0.1873 + 0.1742 + 0.1608) \times 1 = 2.05$

6.6.4 平均焓差法（别尔曼公式）

$$\Omega = \int_{t_2}^{t_1} \frac{\mathrm{d}t}{i'' - i} = \frac{\Delta t}{\Delta i_\mathrm{m}}$$

例Ⅲ-4：$G = 145000\mathrm{m^3/h}$，$\theta = 28.6℃$，$\tau = 24.6℃$，$P_0 = 747\mathrm{mmHg}$，$t_1 = 38.5℃$，$t_2 = 28.5℃$，即$\Delta t = 10℃$，$Q = 200\mathrm{m^3/h}$，求解Ω。

题解：

（1）采用$\phi = 71\%$。

（2）$\gamma_\mathrm{a} = \dfrac{(P_0 - \phi P''_\theta) \times 10^4}{29.27(273 + \theta)}$

$= \dfrac{\left(\dfrac{747}{735.5} - 0.71 \times 0.03991\right) \times 10^4}{29.27(273 + 28.6)}$

$= 1.12(\mathrm{kg/m^3})$

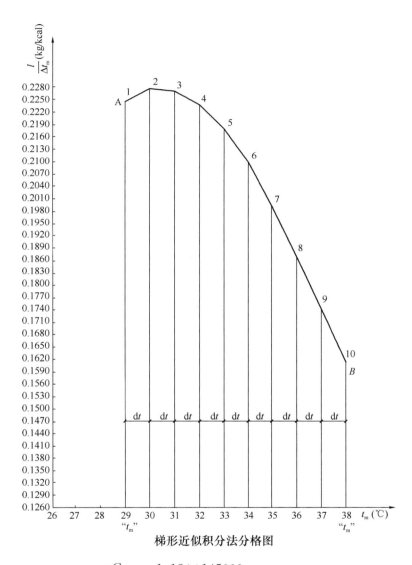

梯形近似积分法分格图

(3) $\lambda = \dfrac{\gamma_a G}{Q \times 10^3} = \dfrac{1.12 \times 145000}{200 \times 10^3} = 0.81$

(4) 查表 6-1, 当 $t_m = \dfrac{38.5 + 28.5}{2} = 33.5℃$ 时, $K = 1.0523$。

$(5)\ i_1 = 0.24\theta + (370.09 + 0.292\theta)\ \dfrac{\phi P''_\theta}{P_0 - \phi P''_\theta}$

$\qquad = 0.24 \times 28.6 + (370.09 + 0.292 \times 28.6)$

$\qquad\qquad \dfrac{0.71 \times 29.35}{(747 - 0.71 \times 29.35)} = 17.72(\text{kcal/kg})$

$(6)\ i_2 = i_1 + \dfrac{K\Delta t}{\lambda}$

$\qquad = 17.72 + \dfrac{1.0523 \times 10}{0.81}$

$\qquad = 30.71(\text{kcal/kg})$

$(7)\ i'' = 0.24t + (370.09 + 0.292t)\ \dfrac{P''_t}{P_0 - P''_t}(\text{kcal/kg})$

$t_1 = 38.5℃\ 时,\ i''_1 = 37.20(\text{kcal/kg})$

$t_2 = 28.5℃\ 时,\ i''_2 = 22.20(\text{kcal/kg})$

$t_m = 33.5℃\ 时,\ i''_m = 28.90(\text{kcal/kg})$

$(8)\ \delta''_i = \dfrac{i''_1 + i''_2 - 2i''_m}{4}$

$\qquad = \dfrac{(37.2 + 22.2 - 2 \times 28.9)}{4}$

$\qquad = 0.4(\text{kcal/kg})$

$\Delta i_H = i''_1 - \delta''_i - i_2$

$\qquad = 37.2 - 0.4 - 30.71$

$\qquad = 6.09(\text{kcal/kg})$

$\Delta i_K = i''_2 - \delta''_i - i_1$

$\qquad = 22.2 - 0.4 - 17.72$

$\qquad = 4.08(\text{kcal/kg})$

$\Delta i_m = \dfrac{\Delta i_H - \Delta i_K}{2.3\lg \dfrac{\Delta i_H}{\Delta i_K}}$

$\qquad = \dfrac{(6.09 - 4.08)}{2.3\lg\left(\dfrac{6.09}{4.08}\right)}$

$\qquad = 5.02(\text{kcal/kg})$

$(9)\ \Omega = \dfrac{10}{5.02} = 1.99$

（10）根据计算结果并以气水热交换基本图式为基础，绘制别尔曼公式图。

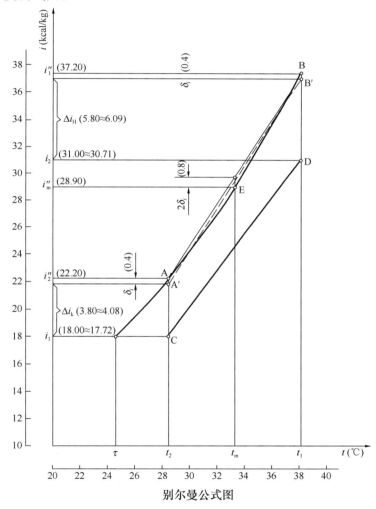

别尔曼公式图

6.6.5 二次抛物线倒数积分法

当 $\Delta > 0$ 时：

$$\Omega = \frac{2}{\sqrt{\Delta}}\left(\mathrm{arctg}\,\frac{2at_1 + B}{\sqrt{\Delta}} - \mathrm{arctg}\,\frac{2at_2 + B}{\sqrt{\Delta}}\right)$$

当 $\Delta < 0$ 时：

$$\Omega = \frac{1}{\sqrt{-\Delta}}\left(\ln \frac{2at_1 + B - \sqrt{-\Delta}}{2at_1 + B + \sqrt{-\Delta}} - \ln \frac{2at_2 + B - \sqrt{-\Delta}}{2at_2 + B + \sqrt{-\Delta}} \right)$$

式中：$\Delta = 4ac - B^2$

$$B = b - \frac{K}{\lambda}$$

$$c = c - i_1 + \frac{Kt_2}{\lambda}$$

i_1——进塔空气焓，由 P_0，τ 查表 6-2 "大气压力为 $780 \sim 550\mathrm{mmHg}$，不同温度区间的 a、b、c 系数及最大误差值（$\delta i_{\max}$）"得系数 a、b、c，然后以下式求得。

$$i_1 = a\tau^2 + b\tau + e$$

例 Ⅱ-5：$G = 145000\mathrm{m^3/h}$，$\theta = 28.6℃$，$\tau = 24.6℃$，$P_0 = 747\mathrm{mmHg}$，$t_1 = 38.5℃$，$t_2 = 28.5℃$，即 $\Delta t = 10℃$，$Q = 200\mathrm{m^3/h}$，求解 Ω。

题解：

（1）采用 $\phi = 71\%$。

（2）$\gamma_a = \dfrac{(P_0 - \phi P''_\theta) \times 10^4}{29.27(273 + \theta)}$

$\qquad = \dfrac{\left(\dfrac{747}{735.5} - 0.71 \times 0.3991 \right) \times 10^4}{29.27(273 + 28.6)}$

$\qquad = 1.12(\mathrm{kg/m^3})$

（3）$\lambda = \dfrac{\gamma_a G}{Q \times 10^3} = \dfrac{1.12 \times 145000}{200 \times 10^3} = 0.81$

（4）查表 6-1，当 $t_m = \dfrac{38.5 + 28.5}{2} = 33.5℃$ 时，$K = 1.0523$。

（5）据 $P_0 = 747\mathrm{mmHg}$，$\tau = 24.6℃$，查表 6-2 取用 $P_0 = 745\mathrm{mmHg}$，$t = 20 \sim 30℃$，得

$\qquad a = 0.02203$，$b = -0.08111$，$c = 6.6851$

$$i_1 = 0.02203 \times 24.6^2 + (-0.08111) \times 24.6 + 6.6851$$

$$= 18.02 (\text{kcal/kg})$$

（6）据 $P_0 = 747\text{mmHg}$，$t_1 = 38.5℃$，$t_2 = 28.5℃$，查表 6-2 取用 $P_0 = 745\text{mmHg}$，$t_1 = 40℃$，$t_2 = 25℃$，得

$$a = 0.03318, b = -0.7168, c = 15.7024$$

$$B = -0.7168 - \frac{1.0523}{0.81} = -2.0159$$

$$C = 15.7024 - 18.02 + \frac{1.0523 \times 28.5}{0.81} = 34.7078$$

$$\Delta = 4 \times 0.03318 \times 34.7078 - (-2.0159)^2 = 0.5425 > 0$$

（7）$\Omega = \dfrac{2}{\sqrt{0.5425}} \left[\arctan \dfrac{2 \times 0.3318 \times 38.5 + (-2.0159)}{\sqrt{0.5425}} \right.$

$$\left. - \arctan \frac{2 \times 0.03318 \times 28.5 + (-2.0159)}{\sqrt{0.5425}} \right]$$

$$= 2.17$$

为了提高计算精度，选用 a、b、c 系数时，温度区间应比给定的水温差稍大，宜放大一档。

6.6.6 关于精度

上述就几种常用的焓差法列举相同条件进行了介绍。实际工作中可据工程精度采用之。

一般来说条件相同时辛普森近似积分法精度最高。有资料指出，当 dt$=1℃$ 时，误差 0.07%；当 dt$=0.1℃$ 时，误差为 0。

辛普森近似积分法和梯形近似积分法，温度间隔 dt 划分的越小就越能得到精确的结果。只是计算较繁，耗时较多，当工程精度要求较高、温差较大时，可以采用这两种方法。$\Delta t \leqslant 10℃$ 时，取 dt$<1 \sim 1.5℃$；当 $\Delta t > 10℃$ 时，采用 dt$=1.5 \sim 2℃$。工程精度要求不高时，可以采用辛普森近似积分法（二段展开式）进行热力计算，此法具有运算简便之优点。

平均焓差法在 $\Delta t < 15 \sim 20℃$ 的范围内精度较高，反之为差。

该法兼有运算简便和在一般的冷却条件下能保证足够准确性的优点，所以至今被广泛应用。

对于二次抛物线倒数积分法，近年来中小型冷却塔试验研究组作了完善和补充，提供了"大气压力为 $550\sim780$ mmHg 时，不同温度区间的 a、b、c 系数表"，为其应用创造了极为有利的条件。

6.6.7 总容积散热系数（K_a）

初选宜兴 BL（N）——200 型玻璃钢冷却塔，$V=14.5\text{m}^3$，$z=1.0\text{m}$。采用辛普森近似积分法求得的交换数（$\Omega=2.04$）求解 K_a。

查表 6-1，当 $t_m=\dfrac{38.5+28.5}{2}=33.5℃$ 时，$K_1=1.0278$

则：

$$K_a=\frac{K_1\Omega Q}{V}\times10^3$$

$$=\frac{1.0278\times2.04\times200}{14.5}\times10^3$$

$$=28920[\text{kg/(m}^3\cdot\text{h})]$$

或

$$K_a=\frac{K_1\Omega q}{z}\times10^3$$

$$=\frac{1.0278\times2.04\times q}{1}\times10^3$$

$$=2097q$$

6.6.8 填料热力特性（K'_a）

初选塔采用 $35\times15\times60°$ 斜波填料，填料热力特性方程为：

$$K'_a=5900g^{0.243}q^{0.355}-129(t_1-42)-159.4(\tau-28.6)$$

该塔设计采用总容积散热系数；

$$K'_a=15000\text{kg/(m}^3\cdot\text{h})$$

（$G=145000\text{m}^3/\text{h}$，$F=14.5\text{m}^2$，$t_1=38.5℃$，$\tau=24.6℃$）

按填料热力特性方程计算时：

$$K'_a = 5900 \left(\frac{1.12 \times 145000}{3600 \times 14.5} \right)^{0.243} \left(\frac{200}{14.5} \right)^{0.355} - 129$$

$$(38.5 - 42) - 159.4(24.6 - 28.6)$$

$$= 20823 [\text{kg}/(\text{m}^3 \cdot \text{h})]$$

6.6.9 确定塔型

$28920 > 15000$；

$28920 > 20823$；

即 $K_a > K'_a$

说明温差大塔选小了，需要重新选塔或采用二级冷却，此处从略。

6.7 横流塔平均焓差法计算

$$\Omega = \int_{t_2}^{t_1} \frac{\mathrm{d}t}{i'' - i} = \frac{\Delta t}{\Delta i_\mathrm{m}}$$

例题：$G = 145000\mathrm{m}^3/\mathrm{h}$，$\theta = 28.6℃$，$\tau = 24.6℃$，$P_0 = 747\mathrm{mmHg}$，$t_1 = 38.5℃$，$t_2 = 28.5℃$，即 $\Delta t = 10℃$，$Q = 200\mathrm{m}^3/\mathrm{h}$，求解 Ω。

题解：

（1）采用 $\phi = 71\%$。

（2）$\gamma_\mathrm{a} = \dfrac{(P_0 - \phi P''_\theta) \times 10^4}{29.27 \, (273 + \theta)}$

$$= \frac{\left(\dfrac{747}{735.5} - 0.71 \times 0.03991 \right) \times 10^4}{29.27 \, (273 + 28.6)}$$

$$= 1.12 \, (\mathrm{kg}/\mathrm{m}^3)$$

（3）$\lambda = \dfrac{\gamma_\mathrm{a} G}{Q \times 10^3} = \dfrac{1.12 \times 145000}{200 \times 10^3} = 0.81$

（4）查表 6-1，当 $t_\mathrm{m} = \dfrac{38.5 + 28.5}{2} = 33.5℃$时，$K = 1.0523$。

(5) $i_1 = 0.24\theta + (370.09 + 0.292\theta)\dfrac{\phi P''_\theta}{P_0 - \phi P''_\theta}$

$= 0.24 \times 28.6 + (370.09 + 0.292 \times 28.6)$

$\dfrac{0.71 \times 29.35}{747 - 0.71 \times 29.35}$

$= 17.72 \text{ (kcal/kg)}$

(6) $i_2 = i_1 + \dfrac{K\Delta t}{\lambda}$

$= 17.72 + \dfrac{1.0523 \times 10}{0.81}$

$= 30.71 \text{ (kcal/kg)}$

(7) $i'' = 0.24t + (370.09 + 0.292t)\dfrac{P''_t}{P_0 - P''_t} \text{ (kcal/kg)}$

$t_1 = 38.5℃$时，$i''_1 = 37.20 \text{ (kcal/kg)}$

$t_2 = 28.5℃$时，$i''_2 = 22.20 \text{ (kcal/kg)}$

$t_m = 33.5℃$时，$i''_m = 28.90 \text{ (kcal/kg)}$

(8) $\delta''_i = \dfrac{i''_1 + i''_2 - 2i''_m}{4}$

$= \dfrac{37.2 + 22.2 - 2 \times 28.9}{4}$

$= 0.4 \text{ (kcal/kg)}$

$\eta = \dfrac{i''_1 - i''_2}{i''_1 - \delta''_i - i_1}$

$= \dfrac{37.2 - 22.2}{37.2 - 0.4 - 17.72}$

$= 0.79$

$$\xi = \frac{i_2 - i_1}{i''_1 - \delta''_i - i_1}$$

$$= \frac{30.71 - 17.72}{37.2 - 0.4 - 17.72}$$

$$= 0.68$$

$X = f(\eta, \xi)$，查《手册》图 8-13 "横流时平均焓差计算曲线"得 $X = 0.18$。

$$\Delta i_m = X(i''_1 - \delta''_i - i_1)$$

$$= 0.18(37.2 - 0.4 - 17.72)$$

$$= 3.43 \text{ (kcal/kg)}$$

(9) $\Omega = \dfrac{10}{3.43} = 2.92$

6.8 石家庄市降温评价

冷却水量：$200\text{m}^3/\text{h}$；P_0：747mmHg；ϕ：71%；θ：$28.6℃$；τ：$24.6℃$；

塔型：BL(N)-200 型(宜兴)。

计算方法：辛普森近似积分法（二段展开式）。

综合列表

Δt (℃)	t_1 (℃)	t_2 (℃)	K_a [kg/ (m³·h)]	K'_a [kg/ (m³·h)]	K_a 与 K'_a	q [m³/ (m²·h)]	Q' (m³/h)	评价
4	32.5	28.5	12868	15000	<	16.1	233	稍有富余
5	33.5	28.5	15844	15000	≈	13.1	190	满足要求
7	37.0	30.0	14744	15000	<	14.0	203	好

由表列看出：当 $t_2 = 28.5℃$ 时温差 $\Delta t = 4 \sim 5℃$，冷幅 $(t_2 - \tau) = 3.9℃$；当 $t_2 = 30.0℃$ 时温差 $\Delta t = 7℃$（最大），冷幅 $(t_2 - \tau) = 5.4℃$。

表 6-1

各种平均水温及气水比的 $\dfrac{K=1+\dfrac{t_m}{\gamma}(1-0.12\lambda)}{K_1=1+0.53\dfrac{t_m}{\gamma}(1-0.12\lambda)}$ 表

平均水温 t_m(℃)	汽化潜热 γ (kcal/kg)	气水比 (λ)															
		0.5	0.6	0.7	0.8	0.9	1.0	1.1	1.2	1.3	1.4	1.5	1.6	1.7	1.8	1.9	2.0
20.0	586.00	1.0321 / 1.0170	1.0317 / 1.0168	1.0313 / 1.0166	1.0309 / 1.0164	1.0304 / 1.0161	1.0300 / 1.0159	1.0296 / 1.0157	1.0292 / 1.0155	1.0288 / 1.0153	1.0284 / 1.0151	1.0280 / 1.0148	1.0276 / 1.0146	1.0272 / 1.0144	1.0268 / 1.0142	1.0263 / 1.0139	1.0259 / 1.0137
21.0	585.44	1.0337 / 1.0179	1.0333 / 1.0176	1.0329 / 1.0174	1.0324 / 1.0172	1.0320 / 1.0170	1.0316 / 1.0168	1.0311 / 1.0165	1.0307 / 1.0163	1.0303 / 1.0161	1.0298 / 1.0158	1.0294 / 1.0156	1.0290 / 1.0154	1.0286 / 1.0152	1.0281 / 1.0149	1.0277 / 1.0147	1.0273 / 1.0145
22.0	584.88	1.0354 / 1.0188	1.0349 / 1.0185	1.0345 / 1.0183	1.0340 / 1.0180	1.0336 / 1.0178	1.0331 / 1.0175	1.0326 / 1.0173	1.0322 / 1.0171	1.0317 / 1.0168	1.0313 / 1.0166	1.0308 / 1.0163	1.0304 / 1.0161	1.0299 / 1.0158	1.0295 / 1.0156	1.0290 / 1.0154	1.0286 / 1.0152
23.0	584.32	1.0370 / 1.0196	1.0365 / 1.0193	1.0361 / 1.0191	1.0356 / 1.0189	1.0351 / 1.0186	1.0346 / 1.0183	1.0341 / 1.0181	1.0337 / 1.0179	1.0332 / 1.0176	1.0327 / 1.0173	1.0323 / 1.0171	1.0318 / 1.0169	1.0313 / 1.0166	1.0309 / 1.0164	1.0304 / 1.0161	1.0299 / 1.0158
24.0	583.76	1.0386 / 1.0205	1.0382 / 1.0202	1.0377 / 1.0200	1.0372 / 1.0197	1.0367 / 1.0195	1.0362 / 1.0192	1.0357 / 1.0189	1.0352 / 1.0187	1.0347 / 1.0184	1.0342 / 1.0181	1.0337 / 1.0179	1.0332 / 1.0176	1.0327 / 1.0173	1.0322 / 1.0171	1.0317 / 1.0168	1.0312 / 1.0165
25.0	583.20	1.0403 / 1.0214	1.0398 / 1.0211	1.0393 / 1.0208	1.0383 / 1.0206	1.0382 / 1.0202	1.0377 / 1.0200	1.0372 / 1.0197	1.0367 / 1.0195	1.0362 / 1.0192	1.0357 / 1.0189	1.0352 / 1.0187	1.0346 / 1.0183	1.0341 / 1.0181	1.0336 / 1.0178	1.0331 / 1.0175	1.0326 / 1.0173
26.0	582.64	1.0419 / 1.0222	1.0414 / 1.0219	1.0408 / 1.0216	1.0403 / 1.0214	1.0398 / 1.0211	1.0393 / 1.0208	1.0387 / 1.0205	1.0382 / 1.0202	1.0377 / 1.0200	1.0371 / 1.0197	1.0366 / 1.0194	1.0361 / 1.0191	1.0355 / 1.0188	1.0350 / 1.0186	1.0345 / 1.0183	1.0339 / 1.0180
27.0	582.08	1.0436 / 1.0231	1.0430 / 1.0228	1.0425 / 1.0225	1.0419 / 1.0222	1.0414 / 1.0219	1.0408 / 1.0216	1.0403 / 1.0214	1.0397 / 1.0210	1.0391 / 1.0207	1.0386 / 1.0205	1.0380 / 1.0201	1.0375 / 1.0199	1.0369 / 1.0196	1.0364 / 1.0193	1.0358 / 1.0190	1.0353 / 1.0187
28.0	581.52	1.0457 / 1.0242	1.0447 / 1.0237	1.0442 / 1.0234	1.0435 / 1.0231	1.0429 / 1.0227	1.0424 / 1.0225	1.0418 / 1.0222	1.0412 / 1.0218	1.0406 / 1.0215	1.0401 / 1.0213	1.0395 / 1.0209	1.0389 / 1.0206	1.0383 / 1.0203	1.0377 / 1.0200	1.0372 / 1.0197	1.0366 / 1.0194

续表

平均水温 t_m(℃)	熔化潜热 γ (kcal/kg)	气水比 (λ) 0.5	0.6	0.7	0.8	0.9	1.0	1.1	1.2	1.3	1.4	1.5	1.6	1.7	1.8	1.9	2.0
29.0	580.96	1.0469 / 1.0249	1.0463 / 1.0243	1.0457 / 1.0242	1.0451 / 1.0239	1.0445 / 1.0236	1.0439 / 1.0233	1.0433 / 1.0229	1.0427 / 1.0226	1.0421 / 1.0223	1.0415 / 1.0220	1.0409 / 1.0217	1.0403 / 1.0214	1.0397 / 1.0210	1.0391 / 1.0207	1.0385 / 1.0204	1.0375 / 1.0201
30.0	580.40	1.0486 / 1.0258	1.0480 / 1.0254	1.0473 / 1.0251	1.0467 / 1.0248	1.0461 / 1.0244	1.0455 / 1.0241	1.0449 / 1.0238	1.0442 / 1.0234	1.0436 / 1.0231	1.0430 / 1.0228	1.0424 / 1.0225	1.0418 / 1.0222	1.0411 / 1.0218	1.0405 / 1.0215	1.0399 / 1.0211	1.0393 / 1.0208
31.0	579.84	1.0503 / 1.0267	1.0496 / 1.0263	1.0490 / 1.0260	1.0483 / 1.0256	1.0477 / 1.0253	1.0470 / 1.0249	1.0464 / 1.0246	1.0458 / 1.0243	1.0451 / 1.0239	1.0445 / 1.0236	1.0438 / 1.0232	1.0432 / 1.0229	1.0426 / 1.0226	1.0419 / 1.0222	1.0413 / 1.0219	1.0406 / 1.0215
32.0	579.28	1.0519 / 1.0275	1.0513 / 1.0272	1.0506 / 1.0268	1.0499 / 1.0264	1.0493 / 1.0261	1.0486 / 1.0258	1.0479 / 1.0254	1.0473 / 1.0251	1.0466 / 1.0247	1.0460 / 1.0244	1.0453 / 1.0240	1.0446 / 1.0236	1.0440 / 1.0233	1.0433 / 1.0229	1.0426 / 1.0226	1.0420 / 1.0223
33.0	578.72	1.0536 / 1.0284	1.0529 / 1.0280	1.0522 / 1.0277	1.0515 / 1.0273	1.0509 / 1.0270	1.0502 / 1.0266	1.0495 / 1.0262	1.0488 / 1.0259	1.0481 / 1.0255	1.0474 / 1.0251	1.0468 / 1.0248	1.0461 / 1.0244	1.0454 / 1.0241	1.0447 / 1.0237	1.0440 / 1.0233	1.0433 / 1.0229
34.0	578.16	1.0553 / 1.0293	1.0546 / 1.0289	1.0539 / 1.0286	1.0532 / 1.0282	1.0525 / 1.0278	1.0518 / 1.0275	1.0510 / 1.0270	1.0503 / 1.0267	1.0496 / 1.0263	1.0489 / 1.0259	1.0482 / 1.0255	1.0475 / 1.0252	1.0468 / 1.0248	1.0461 / 1.0244	1.0454 / 1.0241	1.0447 / 1.0237
35.0	577.60	1.0570 / 1.0302	1.0562 / 1.0298	1.0555 / 1.0294	1.0548 / 1.0290	1.0541 / 1.0287	1.0533 / 1.0283	1.0526 / 1.0279	1.0519 / 1.0275	1.0511 / 1.0271	1.0504 / 1.0267	1.0497 / 1.0263	1.0490 / 1.0260	1.0482 / 1.0255	1.0475 / 1.0252	1.0468 / 1.0248	1.0461 / 1.0244
36.0	577.02	1.0586 / 1.0311	1.0579 / 1.0307	1.0571 / 1.0303	1.0564 / 1.0299	1.0557 / 1.0295	1.0549 / 1.0291	1.0542 / 1.0287	1.0534 / 1.0283	1.0527 / 1.0279	1.0519 / 1.0275	1.0512 / 1.0271	1.0504 / 1.0267	1.0497 / 1.0263	1.0489 / 1.0259	1.0482 / 1.0255	1.0474 / 1.0251
37.00	576.44	1.0603 / 1.0320	1.0596 / 1.0316	1.0588 / 1.0312	1.0580 / 1.0307	1.0573 / 1.0304	1.0565 / 1.0299	1.0557 / 1.0295	1.0549 / 1.0291	1.0542 / 1.0287	1.0534 / 1.0283	1.0526 / 1.0279	1.0519 / 1.0275	1.0511 / 1.0271	1.0503 / 1.0267	1.0496 / 1.0263	1.0488 / 1.0259
38.00	575.86	1.0620 / 1.0329	1.0612 / 1.0324	1.0604 / 1.0320	1.0597 / 1.0316	1.0589 / 1.0312	1.0581 / 1.0308	1.0573 / 1.0304	1.0565 / 1.0299	1.0557 / 1.0295	1.0549 / 1.0291	1.0541 / 1.0287	1.0533 / 1.0282	1.0525 / 1.0278	1.0517 / 1.0274	1.0509 / 1.0270	1.0502 / 1.0266

平均水温 t_m(℃)	熔化潜热 γ (kcal/kg)	气水比 (λ)															
		0.5	0.6	0.7	0.8	0.9	1.0	1.1	1.2	1.3	1.4	1.5	1.6	1.7	1.8	1.9	2.0
39.0	575.28	1.0637 / 1.0338	1.0629 / 1.0333	1.0621 / 1.0329	1.0613 / 1.0325	1.0605 / 1.0321	1.0597 / 1.0316	1.0588 / 1.0312	1.0580 / 1.0307	1.0572 / 1.0303	1.0564 / 1.0299	1.0556 / 1.0295	1.0548 / 1.0290	1.0540 / 1.0286	1.0531 / 1.0281	1.0523 / 1.0277	1.0515 / 1.0273
40.0	574.70	1.0654 / 1.0347	1.0646 / 1.0342	1.0638 / 1.0338	1.0629 / 1.0333	1.0621 / 1.0329	1.0612 / 1.0324	1.0604 / 1.0320	1.0596 / 1.0316	1.0587 / 1.0311	1.0579 / 1.0307	1.0571 / 1.0303	1.0562 / 1.0298	1.0554 / 1.0294	1.0546 / 1.0289	1.0537 / 1.0285	1.0529 / 1.0280
41.0	574.12	1.0671 / 1.0356	1.0663 / 1.0351	1.0654 / 1.0347	1.0646 / 1.0342	1.0637 / 1.0338	1.0628 / 1.0333	1.0620 / 1.0329	1.0611 / 1.0324	1.0603 / 1.0320	1.0594 / 1.0315	1.0586 / 1.0311	1.0577 / 1.0306	1.0568 / 1.0301	1.0560 / 1.0297	1.0551 / 1.0292	1.0543 / 1.0288
42.0	573.54	1.0688 / 1.0365	1.0680 / 1.0360	1.0671 / 1.0356	1.0662 / 1.0351	1.0653 / 1.0346	1.0644 / 1.0341	1.0636 / 1.0337	1.0627 / 1.0332	1.0618 / 1.0328	1.0609 / 1.0323	1.0600 / 1.0318	1.0592 / 1.0314	1.0583 / 1.0309	1.0574 / 1.0304	1.0565 / 1.0299	1.0557 / 1.0295
43.0	572.96	1.0705 / 1.0374	1.0696 / 1.0369	1.0687 / 1.0364	1.0678 / 1.0359	1.0669 / 1.0355	1.0660 / 1.0350	1.0651 / 1.0345	1.0642 / 1.0340	1.0633 / 1.0335	1.0624 / 1.0331	1.0615 / 1.0326	1.0606 / 1.0321	1.0597 / 1.0316	1.0588 / 1.0312	1.0579 / 1.0307	1.0570 / 1.0302
44.0	572.38	1.0723 / 1.0383	1.0713 / 1.0378	1.0704 / 1.0373	1.0695 / 1.0368	1.0686 / 1.0364	1.0676 / 1.0358	1.0667 / 1.0354	1.0658 / 1.0349	1.0649 / 1.0344	1.0640 / 1.0339	1.0630 / 1.0334	1.0621 / 1.0329	1.0612 / 1.0324	1.0603 / 1.0320	1.0593 / 1.0314	1.0584 / 1.0310
45.0	571.80	1.0740 / 1.0392	1.0730 / 1.0387	1.0721 / 1.0382	1.0711 / 1.0377	1.0702 / 1.0372	1.0693 / 1.0367	1.0683 / 1.0362	1.0673 / 1.0357	1.0664 / 1.0352	1.0655 / 1.0347	1.0645 / 1.0342	1.0636 / 1.0337	1.0626 / 1.0332	1.0617 / 1.0327	1.0608 / 1.0322	1.0598 / 1.0317
46.0	571.24	1.0757 / 1.0401	1.0747 / 1.0396	1.0738 / 1.0391	1.0728 / 1.0386	1.0718 / 1.0381	1.0709 / 1.0376	1.0699 / 1.0370	1.0687 / 1.0365	1.0680 / 1.0360	1.0670 / 1.0355	1.0660 / 1.0350	1.0651 / 1.0345	1.0641 / 1.0340	1.0631 / 1.0334	1.0622 / 1.0330	1.0612 / 1.0324
47.0	570.68	1.0774 / 1.0410	1.0764 / 1.0405	1.0754 / 1.0400	1.0745 / 1.0395	1.0735 / 1.0390	1.0725 / 1.0384	1.0715 / 1.0379	1.0705 / 1.0374	1.0695 / 1.0370	1.0685 / 1.0363	1.0675 / 1.0358	1.0665 / 1.0352	1.0656 / 1.0348	1.0646 / 1.0342	1.0636 / 1.0337	1.0626 / 1.0332
48.0	570.12	1.0791 / 1.0419	1.0781 / 1.0414	1.0771 / 1.0409	1.0761 / 1.0403	1.0751 / 1.0398	1.0741 / 1.0393	1.0731 / 1.0387	1.0721 / 1.0382	1.0711 / 1.0377	1.0700 / 1.0371	1.0690 / 1.0366	1.0680 / 1.0360	1.0670 / 1.0355	1.0660 / 1.0350	1.0650 / 1.0345	1.0640 / 1.0339
49.0	569.56	1.0809 / 1.0429	1.0798 / 1.0423	1.0788 / 1.0418	1.0778 / 1.0412	1.0767 / 1.0407	1.0757 / 1.0401	1.0747 / 1.0396	1.0736 / 1.0390	1.0726 / 1.0385	1.0716 / 1.0379	1.0705 / 1.0374	1.0695 / 1.0368	1.0685 / 1.0363	1.0674 / 1.0357	1.0664 / 1.0352	1.0654 / 1.0347
50.0	569.00	1.0826 / 1.0438	1.0815 / 1.0432	1.0805 / 1.0427	1.0794 / 1.0421	1.0784 / 1.0416	1.0773 / 1.0410	1.0763 / 1.0404	1.0752 / 1.0399	1.0742 / 1.0393	1.0731 / 1.0387	1.0721 / 1.0382	1.0710 / 1.0376	1.0699 / 1.0370	1.0689 / 1.0365	1.0678 / 1.0359	1.0668 / 1.0354

$P_0 = 780\text{mmHg}$

大气压力为780~550mmHg不同温度区间的 a、b、c 系数及最大误差值（$\delta_{\max}$） 表6-2

系数	a					b				
t_1 \ t_2	15	20	25	30	35	15	20	25	30	35
30	0.01845	0.02091	0.02376	—	—	0.06060	-0.06243	-0.2160	—	—
35	0.02122	0.02407	0.02729	0.03103	—	0.06142	-0.2202	-0.4136	0.6536	—
40	0.02457	0.02772	0.03138	0.03563	0.04064	-0.2219	-0.4178	-0.6591	-0.9574	-1.3279
45	0.02847	0.03208	0.03626	0.04113	0.04687	-0.4251	-0.6705	-0.9716	-1.3425	-1.8022
50	0.03318	0.03733	0.04215	0.04779	0.05444	-0.6858	-0.9964	-1.3728	-1.8355	-2.4083
55	0.03893	0.04376	0.04939	0.05598	0.06379	-1.0340	-1.4212	-1.8941	-2.4750	-3.1937
60	0.04608	0.05179	0.05844	0.06626	0.07555	-1.4924	-1.9834	-2.5827	-3.3186	-4.2295

系数	c					$\delta_{\max}$				
t_1 \ t_2	15	20	25	30	35	15	20	25	30	35
30	4.8284	6.3423	8.4052	—	—	0.05527	0.01785	0.00234	—	—
35	6.1184	8.2852	11.1591	14.9919	—	0.1553	0.0739	0.0242	0.0033	—
40	7.8417	10.8858	14.8058	19.9922	26.8373	0.3668	0.2086	0.0980	0.0324	0.0044
45	10.4705	14.4198	19.7180	26.6835	35.8325	0.7597	0.4895	0.2802	0.1326	0.0442
50	13.8007	19.2343	26.3619	35.6864	47.8901	1.4643	1.0291	0.6678	0.3854	0.1842
55	18.4946	25.8384	35.4220	47.9133	64.2204	2.6957	2.0204	1.4311	0.9370	0.5463
60	25.0540	35.0027	47.9356	64.7484	86.6638	4.8292	3.8052	2.8765	2.0572	1.3618

$P_0 = 775\text{mmHg}$

系数 t_1 \ t_2	a					b				
	15	20	25	30	35	15	20	25	30	35
30	0.01858	0.02107	0.02394	—	—	0.05905	-0.06497	-0.8199	—	—
35	0.02138	0.02425	0.02750	0.03128	—	-0.06398	-0.2241	-0.4191	-0.6613	—
40	0.02475	0.02794	0.03162	0.03592	0.04097	-0.2258	-0.4234	-0.6669	-0.9680	-1.3421
45	0.02870	0.03233	0.03655	0.04147	0.04727	-0.4310	-0.6786	-0.9824	-1.3570	-1.8213
50	0.03345	0.03764	0.04251	0.04820	0.05493	-0.6972	-1.0077	-1.3878	-1.8552	-2.4341
55	0.03925	0.04414	0.04982	0.05649	0.06438	-1.0460	-1.4371	-1.9149	-2.5020	-3.2287
60	0.04649	0.05226	0.05898	0.06689	0.07629	-1.5096	-2.0058	-2.6117	-3.3560	-4.2778

系数 t_1 \ t_2	c					δ_{max}				
	15	20	25	30	35	15	20	25	30	35
30	4.8630	6.3891	8.4693	—	—	0.05572	0.0180	0.00236	—	—
35	5.1037	8.3486	11.2474	15.1146	—	0.1566	0.07455	0.02446	0.00333	—
40	8.0029	10.9726	14.9276	20.1624	27.0741	0.3700	0.2105	0.09894	0.03268	0.00449
45	10.4915	14.5400	19.8876	26.9208	36.1628	0.7669	0.4942	0.2830	0.1340	0.0447
50	13.9179	19.4027	25.6001	36.0197	48.3533	1.4790	1.0397	0.6749	0.3896	0.1863
55	18.6608	26.0777	35.7603	48.3859	64.8761	2.7249	2.0429	1.4474	0.9481	0.5530
60	25.2942	35.3482	48.4230	65.4279	87.6050	4.8858	3.8510	2.9122	2.0835	1.3798

$P_0 = 770\text{mmHg}$

系数	a					b				
t_1 \ t_2	15	20	25	30	35	15	20	25	30	35
30	0.01872	0.02122	0.02412	—	—	0.05748	-0.06755	-0.2238	—	—
35	0.02154	0.02443	0.02771	0.03152	—	0.06659	-0.2281	-0.4248	-0.6692	—
40	0.02494	0.02815	0.03187	0.03621	0.04131	-0.2299	-0.4292	-0.6749	-0.9788	-1.3566
45	0.02892	0.03259	0.03685	0.04182	0.04768	-0.4369	-0.6867	-0.9935	-1.3717	-1.8408
50	0.03372	0.03795	0.04287	0.04862	0.05542	-0.7057	-1.0192	-1.4030	-1.8753	-2.4604
55	0.03959	0.04452	0.05026	0.05700	0.06498	-1.0582	-1.4533	-1.9360	-2.5295	-3.2645
60	0.04691	0.05273	0.05953	0.06754	0.07705	-1.5271	-2.0286	-2.6412	-3.3941	-4.3270

系数	c					δ_{max}				
t_1 \ t_2	15	20	25	30	35	15	20	25	30	35
30	4.8980	6.4366	8.5343	—	—	0.05618	0.01815	0.00238	—	—
35	6.2097	8.4131	11.3371	15.2393	—	0.1580	0.07521	0.02468	0.00336	—
40	8.0652	11.0608	15.0516	20.3355	27.3151	0.3734	0.2152	0.09988	0.03300	0.00454
45	10.5758	14.6621	20.0601	27.1623	36.4989	0.7742	0.4991	0.2858	0.1354	0.04514
50	14.0370	19.5741	26.8425	36.3589	48.8250	1.4941	1.0505	0.6821	0.3939	0.1884
55	18.8299	25.3213	36.1048	48.8673	65.5445	2.7546	2.0657	1.4641	0.9594	0.5598
60	25.5389	35.7002	48.9199	66.1209	88.5651	4.9436	3.8978	2.9486	2.1104	1.3981

续表

$P_0 = 765mmHg$

系数 t_1 \ t_2	a					b				
	15	20	25	30	35	15	20	25	30	35
30	0.01685	0.02138	0.02430	—	—	0.05589	-0.07017	-0.2777	—	—
35	0.02170	0.02462	0.02792	0.03177	—	-0.06924	-0.2321	-0.4305	-0.6772	—
40	0.02513	0.02837	0.03213	0.03650	0.04165	-0.2340	-0.4350	-0.6830	-0.9898	-1.3713
45	0.02915	0.03285	0.03715	0.04217	0.04809	-0.4429	-0.6951	-1.0047	-1.3867	-1.8606
50	0.03399	0.03827	0.04323	0.04905	0.05592	-0.7144	-1.0309	-1.4186	-1.8957	-2.4871
55	0.03993	0.04491	0.05071	0.05752	0.06560	-1.0707	-1.4697	-1.9576	-2.5575	-3.3009
60	0.04733	0.05322	0.05010	0.06819	0.07782	-1.5449	-2.0519	-2.6713	-3.4329	-4.3772

系数 t_1 \ t_2	c					δ_{max}				
	15	20	25	30	35	15	20	25	30	35
30	4.9336	6.4848	8.6004	—	—	0.05665	0.01831	0.00240	—	—
35	6.2564	8.4785	11.4282	15.3660	—	0.1593	0.07588	0.02490	0.00340	—
40	8.1283	11.1503	15.1775	20.5115	27.5603	0.3768	0.2144	0.1008	0.03333	0.00458
45	10.6635	14.7863	20.2355	27.4079	36.8410	0.7816	0.5040	0.2887	0.1368	0.0456
50	14.1581	19.7483	27.0892	36.7042	49.3055	1.5094	1.0616	0.6895	0.3983	0.1906
55	19.0020	26.5693	36.4556	49.3578	66.2258	2.7849	2.0891	1.4812	0.9709	0.5667
60	25.7881	36.0589	49.4263	56.8275	89.5448	5.0027	3.9456	2.9858	2.1378	1.4170

$P_0 = 760\text{mmHg}$

系数 t_1＼t_2	a					b				
	15	20	25	30	35	15	20	25	30	35
30	0.01899	0.02154	0.02448	—	—	0.05427	−0.07284	−0.2317	—	—
35	0.02186	0.02481	0.02814	0.03202	—	−0.07193	−0.2362	−0.4364	−0.6853	—
40	0.02533	0.02859	0.03238	0.03680	0.04200	−0.2381	−0.4410	−0.6912	−1.0009	−1.3863
45	0.02938	0.03312	0.03746	0.04253	0.04851	−0.4491	−0.7035	−1.0162	−1.4019	−1.8808
50	0.03427	0.03859	0.04360	0.04948	0.05642	−0.7233	−1.0429	−1.4344	−1.9166	−2.5144
55	0.04027	0.04530	0.05117	0.05806	0.06622	−1.0834	−1.4865	−1.9795	−2.5861	−3.3381
60	0.04776	0.05371	0.06067	0.06886	0.07860	−1.5631	−2.0756	−2.7019	−3.4726	−4.4284

系数 t_1＼t_2	c					δ_{max}				
	15	20	25	30	35	15	20	25	30	35
30	4.9697	6.5338	8.6675	—	—	0.05712	0.01847	0.00243	—	—
35	6.3038	8.5449	11.5207	15.4945	—	0.1607	0.07656	0.02513	0.00343	—
40	8.1925	11.2413	15.3055	20.6904	27.8096	0.3802	0.2164	0.1019	0.03366	0.00463
45	10.7516	14.9125	20.4140	27.6578	37.1893	0.7892	0.5090	0.2917	0.1383	0.04612
50	14.2812	19.9256	27.3402	37.0558	49.7949	1.5249	1.0728	0.6971	0.4028	0.1828
55	19.1772	26.8218	36.8129	49.8576	66.9204	2.8158	2.1129	1.4985	0.9826	0.5739
60	26.0420	36.4245	49.9427	67.5484	90.5446	5.0830	3.9945	3.2238	2.1659	1.4362

$P_0 = 755\text{mmHg}$

系数 t_1 \ t_2	a					b				
	15	20	25	30	35	15	20	25	30	35
30	0.01913	0.02170	0.02467	—	—	0.05262	−0.07555	−0.2358	—	—
35	0.02203	0.02500	0.02836	0.03228	—	−0.07466	−0.2403	−0.4423	−0.6935	—
40	0.02552	0.02882	0.03264	0.03711	0.04236	−0.2424	−0.4470	−0.6996	−1.0123	−1.4015
45	0.02962	0.03339	0.03777	0.04289	0.04893	−0.4553	−0.7122	−1.0278	−1.4174	−1.9013
50	0.03456	0.03891	0.04398	0.04992	0.05694	−0.7323	−1.0550	−1.4505	−1.9378	−2.5422
55	0.04062	0.04571	0.05163	0.05860	0.06686	−1.0963	−1.5036	−2.0019	−2.6152	−3.3759
60	0.04820	0.05422	0.06125	0.06954	0.07940	−1.5816	−2.0997	−2.7332	−3.5130	−4.4807

系数 t_1 \ t_2	c					δ_{max}				
	15	20	25	30	35	15	20	25	30	35
30	5.0063	6.5835	8.7356	—	—	0.05760	0.01863	0.00245	—	—
35	6.3519	8.6124	11.6147	15.6257	—	0.1621	0.07725	0.02537	0.003451	—
40	8.2577	11.3337	15.4356	20.8724	28.0634	0.3838	0.2185	0.1028	0.03300	0.00468
45	10.8412	15.0408	20.5955	27.9122	37.5439	0.7969	0.5141	0.2947	0.1397	0.04663
50	14.4065	20.1061	27.5958	37.4139	50.2936	1.5408	1.0843	0.7047	0.4074	0.1951
55	19.3555	27.0789	37.1770	50.3670	67.6286	2.8474	2.1372	1.5163	0.9947	0.5811
60	26.3008	36.7971	50.4593	58.2838	91.5651	5.1247	4.0445	3.0627	2.1947	1.4559

$P_0 = 750mmHg$

系数 t_1 \ t_2	a 15	a 20	a 25	a 30	a 35	b 15	b 20	b 25	b 30	b 35
30	0.01928	0.02186	0.02486	—	—	0.05094	-0.07831	-0.2400	—	—
35	0.02220	0.02519	0.02858	0.03254	—	-0.07745	-0.2446	-0.4484	-0.7019	—
40	0.02572	0.02905	0.03291	0.03741	0.04272	-0.2467	-0.4532	-0.7081	-1.0238	-1.4170
45	0.02986	0.03366	0.03809	0.04326	0.04936	-0.4617	-0.7209	-1.0396	-1.4332	-1.9223
50	0.03485	0.03925	0.04436	0.05036	0.05747	-0.7415	-1.0674	-1.4669	-1.9593	-2.5705
55	0.04096	0.04611	0.05211	0.05915	0.06751	-1.1095	-1.5210	-2.0246	-2.6449	-3.4145
60	0.04864	0.05473	0.06184	0.07023	0.08022	-1.6005	-2.1244	-2.7652	-3.5542	-4.5340

系数 t_1 \ t_2	c 15	c 20	c 25	c 30	c 35	δ_{imax} 15	δ_{imax} 20	δ_{imax} 25	δ_{imax} 30	δ_{imax} 35
30	5.0434	6.6339	8.8048	—	—	0.0581	0.01879	0.00247	—	—
35	6.4008	8.6809	11.7103	15.7588	—	0.1636	0.07795	0.02560	0.00349	—
40	8.3239	11.4277	15.5679	21.0576	28.3215	0.3873	0.2206	0.1038	0.03434	0.00473
45	10.9322	15.1713	20.7081	28.1711	37.9049	0.8048	0.5193	0.2878	0.1413	0.04715
50	14.5339	20.2896	27.8559	37.7787	50.8018	1.5571	1.0960	0.7126	0.4121	0.1974
55	19.5370	27.3408	37.5479	50.8863	68.3510	2.8796	2.1621	1.5344	1.0069	0.5885
60	26.5644	37.1770	51.0064	69.0342	92.6069	5.1877	4.0955	3.1025	2.2241	1.4761

$P_0 = 745\text{mmHg}$

系数 t_2 / t_1	a					b				
	15	20	25	30	35	15	20	25	30	35
30	0.01942	0.02203	0.02505	—	—	0.04924	-0.08111	-0.2442	—	—
35	0.02237	0.02539	0.02881	0.03280	—	-0.08028	-0.2489	-0.4545	-0.7104	—
40	0.02593	0.02928	0.03318	0.03773	0.04309	-0.2511	-0.4594	-0.7168	-1.0356	-1.4328
45	0.03010	0.03394	0.03841	0.04364	0.04981	-0.4681	-0.7298	-1.0517	-1.4493	-1.9436
50	0.03514	0.03959	0.04476	0.05082	0.05800	-0.7508	-1.0780	-1.4836	-1.9813	-2.5994
55	0.04134	0.04653	0.05259	0.05971	0.06817	-1.1229	-1.5387	-2.0478	-2.6751	-3.4539
60	0.04909	0.05525	0.06245	0.07093	0.08105	-1.6198	-2.1495	-2.7977	-3.5963	-4.5885

系数 t_2 / t_1	c					δ_{max}				
	15	20	25	30	35	15	20	25	30	35
30	5.0811	5.6851	8.8751	—	—	0.05859	0.01895	0.00249	—	—
35	6.4504	8.7505	11.8704	15.8941	—	0.1650	0.07867	0.02584	0.00353	—
40	8.3912	11.5232	15.7024	21.2459	28.5843	0.3910	0.2227	0.1049	0.03470	0.00478
45	11.0248	15.3041	20.9680	28.4346	38.2727	0.8128	0.5246	0.3009	0.1428	0.04769
50	14.6635	20.4765	28.1209	38.1502	51.3187	1.5736	1.1080	0.7206	0.4169	0.1998
55	19.7219	27.6076	37.9259	51.4158	69.0878	2.9125	2.1874	1.5530	1.0195	0.5961
60	26.8332	37.5644	51.5542	69.8000	93.6706	5.2521	4.1477	3.1432	2.2542	1.4968

$P_0 = 740\text{mmHg}$

系数 t_1 \ t_2	a					b				
	15	20	25	30	35	15	20	25	30	35
30	0.01957	0.02220	0.02525	—	—	0.04750	−0.08396	−0.2485	—	—
35	0.02254	0.02559	0.02904	0.03307	—	−0.08315	−0.2532	−0.4608	−0.7191	—
40	0.02613	0.02952	0.03345	0.03805	0.04316	−0.2555	−0.4658	−0.7256	−1.0476	−1.4489
45	0.03035	0.03423	0.03874	0.04402	0.05026	−0.4747	−0.7389	−1.0640	−1.4657	−1.9653
50	0.03544	0.03993	0.04515	0.05128	0.05855	−0.7604	−1.0928	−1.5006	−2.0038	−2.6288
55	0.04171	0.04695	0.05308	0.06028	0.06883	−1.1365	−1.5567	−2.0715	−2.7060	−3.4941
60	0.04956	0.05578	0.06306	0.07165	0.08190	−1.6394	−2.1751	−2.8309	−3.6393	−4.6441

系数 t_1 \ t_2	c					$\delta_{\max}$				
	15	20	25	30	35	15	20	25	30	35
30	5.1194	6.7371	8.9464	—	—	0.05910	0.01912	0.00251	—	—
35	6.5007	8.8212	11.9061	16.0318	—	0.1665	0.07940	0.02609	0.00356	—
40	8.4595	11.6203	15.8392	21.4376	28.8518	0.3947	0.2249	0.1069	0.03506	0.00483
45	11.1189	15.4391	21.1592	28.7029	38.6473	0.8209	0.5300	0.3041	0.1444	0.04823
50	14.7954	20.6667	28.3906	38.5287	51.8476	1.5904	1.1202	0.7287	0.4218	0.2022
55	19.9101	27.8793	38.3112	51.9556	69.8395	2.9461	2.2133	1.5719	1.0323	0.6039
60	27.1071	37.9595	52.1132	70.5817	94.7570	5.3180	4.2012	3.1849	2.2850	1.5180

$P_0 = 735\text{mmHg}$

系数 t_2 / t_1	a					b				
	15	20	25	30	35	15	20	25	30	35
30	0.01972	0.02237	0.02545	—	—	0.04574	−0.08686	−0.2528	—	—
35	0.02272	0.02579	0.02928	0.03335	—	−0.0861	−0.2577	−0.4671	−0.7280	—
40	0.02634	0.02976	0.03373	0.03837	0.04385	−0.2601	−0.4723	−0.7346	−1.0598	−1.4652
45	0.03060	0.03451	0.03907	0.04441	0.05071	−0.4814	−0.7482	−1.0765	−1.4824	−1.9874
50	0.03575	0.04028	0.04556	0.05176	0.05910	−0.7701	−1.1058	−1.5180	−2.0266	−2.6588
55	0.04208	0.04738	0.05358	0.06086	0.06953	−1.1504	−1.5752	−2.0956	−2.7375	−3.5351
60	0.05003	0.05632	0.06369	0.07239	0.08276	−1.6595	−2.2013	−2.8648	−3.6832	−4.7010

系数 t_2 / t_1	c					$\delta_{\max}$				
	15	20	25	30	35	15	20	25	30	35
30	5.1583	6.7900	9.0190	—	—	0.05961	0.01929	0.00254	—	—
35	6.5519	8.8931	12.0064	16.1716	—	0.1680	0.08013	0.02634	0.00360	—
40	8.5290	11.7190	15.9783	21.6326	29.1242	0.3985	0.2271	0.1070	0.03542	0.00488
45	11.2145	15.5765	21.3538	28.9761	39.0289	0.8293	0.5355	0.3073	0.1459	0.04878
50	14.9297	20.8604	28.6654	38.9145	52.3858	1.6076	1.1326	0.7371	0.4267	0.2047
55	20.1018	28.1563	38.7040	52.5062	70.6065	2.9804	2.2398	1.5913	1.0454	0.6119
60	27.3865	38.3625	52.6837	71.3797	95.8666	5.3853	4.2558	3.2275	2.3166	1.5397

$P_0 = 730\text{mmHg}$

系数	a					b				
t_1 \ t_2	15	20	25	30	35	15	20	25	30	35
30	0.01987	0.02255	0.02565	—	—	0.04394	-0.0898	-0.2573	—	—
35	0.02290	0.02600	0.02952	0.03363	—	-0.08906	-0.2622	-0.4736	-0.7370	—
40	0.02656	0.03001	0.03401	0.03870	0.04423	-0.2647	-0.4789	-0.7437	-1.0722	-1.4819
45	0.03085	0.03481	0.03941	0.04480	0.05118	-0.4882	-0.7576	-1.0892	-1.4994	-2.0100
50	0.03606	0.04064	0.04597	0.05224	0.05967	-0.7799	-1.1191	-1.5356	-2.0499	-2.6894
55	0.04246	0.04782	0.05408	0.06146	0.07022	-1.1646	-1.5939	-2.1202	-2.7696	-3.5770
60	0.0505	0.05687	0.06433	0.07313	0.08365	-1.6799	-2.2279	-2.8994	-3.7279	-4.7590

系数	c					δ_{max}				
t_1 \ t_2	15	20	25	30	35	15	20	25	30	35
30	5.1977	6.8436	9.0927	—	—	0.06014	0.01946	0.00256	—	—
35	6.6039	8.9661	12.1085	16.3140	—	0.1696	0.08089	0.02660	0.00363	—
40	8.5996	11.8193	16.1199	21.8310	29.4017	0.4023	0.2294	0.1081	0.03579	0.00493
45	11.3119	15.7162	21.5519	29.2544	39.4177	0.8377	0.5412	0.3107	0.1476	0.04934
50	15.0663	21.0576	28.9453	39.3076	52.9347	1.6251	1.1453	0.7456	0.4318	0.2072
55	20.2972	28.4385	39.1044	53.0679	71.3894	3.01538	2.2668	1.6110	1.0589	0.6200
60	27.6714	38.7736	53.2659	72.1946	97.0003	5.4542	4.3117	3.2712	2.3489	1.5619

$P_0 = 725\text{mmHg}$

系数 t_2 t_1	a					b				
	15	20	25	30	35	15	20	25	30	35
30	0.02002	0.02273	0.02586	—	—	−0.04212	−0.09281	−0.2618	—	—
35	0.02308	0.02621	0.02976	0.03391	—	−0.09210	−0.2668	−0.4802	−0.7461	—
40	0.02677	0.03026	0.03430	0.03904	0.04463	−0.2694	−0.4856	−0.7530	−1.0848	−1.4989
45	0.03111	0.03511	0.03975	0.04520	0.05165	−0.4952	−0.7672	−1.1022	−1.5167	−2.0330
50	0.03637	0.04100	0.04639	0.05272	0.06024	−0.7900	−1.1327	−1.5536	−2.0736	−2.7206
55	0.04285	0.04827	0.05460	0.06206	0.07094	−1.1791	−1.6131	−2.1453	−2.8023	−3.6197
60	0.05099	0.05743	0.06498	0.07390	0.08455	−1.7008	−2.2552	−2.9348	−3.7737	−4.8183

系数 t_2 t_1	c					$\delta_{\max}$				
	15	20	25	30	35	15	20	25	30	35
30	5.2378	6.8980	9.1676	—	—	0.06067	0.01964	0.00258	—	—
35	6.6567	9.0403	12.2122	16.4589	—	0.1711	0.08166	0.02686	0.00367	—
40	8.6713	11.9214	16.2639	22.0331	29.6840	0.4062	0.2316	0.1092	0.03618	0.00499
45	11.4108	15.8584	21.7535	29.5378	39.8140	0.8464	0.5469	0.3141	0.1492	0.04992
50	15.2054	21.2584	29.2305	39.7083	53.4944	1.6430	1.1583	0.7543	0.4370	0.2098
55	20.4962	28.7262	39.5128	53.6409	72.1884	3.05116	2.2945	1.6313	1.0726	0.6283
60	27.9619	39.1911	53.8602	73.0269	98.1587	5.5247	4.3690	3.3159	2.3820	1.5847

$P_0 = 720\text{mmHg}$

系数	a					b				
t_1 \ t_2	15	20	25	30	35	15	20	25	30	35
30	0.02018	0.02291	0.02607	—	—	0.04026	-0.09586	-0.2664	—	—
35	0.02326	0.02642	0.03001	0.03420	—	-0.09518	-0.2715	-0.4869	-0.7555	—
40	0.02699	0.03051	0.03460	0.03938	0.04503	-0.2742	-0.4925	-0.7625	-1.0977	-1.5162
45	0.03137	0.03541	0.04011	0.04561	0.05213	-0.5023	-0.7770	-1.1154	-1.5343	-2.0564
50	0.03669	0.04137	0.04682	0.05322	0.06083	-0.8002	-1.1465	-1.5720	-2.0978	-2.7524
55	0.04325	0.04872	0.05513	0.06268	0.07167	-1.1938	-1.6326	-2.1709	-2.8357	-3.6633
60	0.05149	0.05801	0.06564	0.07467	0.08547	-1.7221	-2.2830	2.9708	-3.8204	-4.8789

系数	c					δ_{max}				
t_1 \ t_2	15	20	25	30	35	15	20	25	30	35
30	5.2784	6.9534	9.2437	—	—	0.06121	0.01982	0.00261	—	—
35	6.7103	9.1158	12.3177	16.6062	—	0.1727	0.08244	0.02712	0.00371	—
40	8.7443	12.0252	16.4104	22.2387	29.9719	0.4102	0.2340	0.1103	0.03656	0.00504
45	11.5115	16.0032	21.9589	29.8265	40.2179	0.8552	0.5527	0.3175	0.1509	0.05051
50	15.3470	21.4629	29.5212	40.1169	54.0653	1.6613	1.1715	0.7631	0.4423	0.2125
55	20.6990	29.0195	39.9293	54.2256	73.0042	3.0877	2.3227	1.6520	1.0866	0.6368
60	28.2584	39.6213	54.4670	73.8770	99.3427	5.5969	4.4275	3.3617	2.4160	1.5081

续表

$P_0 = 715\text{mmHg}$

系数 t_2 t_1	a 15	20	25	30	35	b 15	20	25	30	35
30	0.02034	0.02309	0.02628	—	—	0.03836	−0.09897	−0.2711	—	—
35	0.02345	0.02664	0.03026	0.03449	—	−0.09832	−0.2763	−0.4937	−0.7650	—
40	0.02721	0.03077	0.03489	0.03973	0.04544	−0.2790	−0.4994	−0.7721	−1.1108	−1.5338
45	0.03164	0.03572	0.04046	0.04603	0.05262	−0.5095	−0.7869	−1.1288	−1.5523	−2.0803
50	0.03702	0.04174	0.04725	0.05373	0.06142	−0.8107	−1.1606	−1.5907	−2.1225	−2.7849
55	0.04365	0.04919	0.05567	0.06330	0.07240	−1.2089	−1.6525	−2.1970	−2.8698	−3.7078
60	0.05200	0.05859	0.06632	0.07547	0.08540	−1.7438	−2.3113	−3.0077	−3.8681	−4.9408

系数 t_2 t_1	c 15	20	25	30	35	δ_{max} 15	20	25	30	35
30	5.3197	7.0097	9.3211	—	—	0.06176	0.02000	0.00263	—	—
35	6.7648	9.1925	12.4250	16.7562	—	0.1744	0.08324	0.02739	0.00375	—
40	8.8185	12.1308	16.5596	22.4482	30.2648	0.4143	0.2364	0.1115	0.03696	0.00510
45	11.6140	16.1506	22.1680	30.1206	40.6296	0.8642	0.5587	0.3210	0.1527	0.05111
50	15.4911	21.6713	29.8174	40.5334	54.6478	1.6800	1.1850	0.7722	0.4478	0.2152
55	20.9057	29.3186	40.3542	54.8223	73.8373	3.1251	2.3516	1.6731	1.1010	0.6456
60	28.5608	40.0583	55.0867	74.7457	100.5530	5.6707	4.4875	3.4085	2.4508	1.6320

$P_0 = 710\text{mmHg}$

系数 a	t_2					系数 b	t_2				
t_1	15	20	25	30	35	t_1	15	20	25	30	35
30	0.02050	0.02328	0.02650	—	—	30	0.03643	-0.1021	-0.2758	—	—
35	0.02364	0.02686	0.03051	0.03479	—	35	-0.1015	-0.2811	-0.5007	-0.7746	—
40	0.02744	0.03102	0.03520	0.0401	0.04585	40	-0.2840	-0.5065	-0.7819	-1.1241	-1.5518
45	0.03192	0.03603	0.04083	0.04645	0.05312	45	-5.5168	-0.7970	-1.1426	-1.5707	-2.1047
50	0.03735	0.04212	0.04769	0.05425	0.06203	50	-0.8213	-1.1749	-1.6098	-2.1477	-2.8180
55	0.04406	0.04966	0.05621	0.06394	0.07316	55	-1.2242	-1.6728	-2.2237	-2.9046	-3.7533
60	0.05251	0.05919	0.06701	0.07628	0.08736	60	-1.7660	-2.3403	-3.0453	-3.9169	-5.0041

系数 c	t_2					系数 δ_{imax}	t_2				
t_1	15	20	25	30	35	t_1	15	20	25	30	35
30	5.3617	7.0668	9.3998	—	—	30	0.06232	0.02019	0.00266	—	—
35	6.8202	9.2704	12.5341	16.9088	—	35	0.1760	0.08405	0.02767	0.00379	—
40	8.8939	12.2382	16.7114	22.6614	30.5635	40	0.4184	0.2388	0.1127	0.03736	0.00516
45	11.7183	16.3006	22.3810	30.4204	41.0494	45	0.8733	0.5648	0.3247	0.1544	0.05173
50	15.6380	21.8836	30.1193	40.9583	55.2421	50	1.6990	1.1988	0.7815	0.4533	0.2179
55	21.1164	29.6236	40.7876	55.4315	74.6881	55	3.1633	2.3811	1.6948	1.1157	0.6545
60	28.8695	40.5045	55.7197	75.6333	101.7905	60	5.7463	4.5490	3.4566	2.4864	1.6566

$P_0 = 705\text{mmHg}$

系数	a					b				
t_1 \ t_2	15	20	25	30	35	15	20	25	30	35
30	0.02067	0.02347	0.02672	—	—	0.03447	-0.1054	-0.2807	—	—
35	0.02383	0.02708	0.03077	0.03509	—	-0.1048	-0.2861	-0.5078	-0.7845	—
40	0.02767	0.03129	0.03550	0.04044	0.04628	-0.2890	-0.5137	-0.7919	-1.1377	-1.5701
45	0.03219	0.03635	0.04120	0.04689	0.05363	-0.5243	-0.8074	-1.1565	-1.5893	-2.1295
50	0.03769	0.04251	0.04814	0.05477	0.06265	-0.8322	-1.1896	-1.6293	-2.1734	-2.8519
55	0.04448	0.05014	0.05677	0.06460	0.07393	-1.2399	-1.6935	-2.2509	-2.9402	-3.7997
60	0.05304	0.05979	0.06772	0.07711	0.08834	-1.7886	-2.3699	-3.0837	-3.9667	-5.0688

系数	c					δ_{max}				
t_1 \ t_2	15	20	25	30	35	15	20	25	30	35
30	5.4043	7.1249	9.4798	—	—	0.06289	0.02038	0.00268	—	—
35	6.8765	9.3497	12.6452	17.0641	—	0.1777	0.08488	0.02795	0.00383	—
40	8.9706	12.3475	16.8659	22.8786	30.8680	0.4227	0.2413	0.1139	0.03777	0.00522
45	11.8244	16.4533	22.5980	30.7259	41.4775	0.8827	0.5710	0.3283	0.1563	0.05235
50	15.7876	22.1000	30.4271	41.3916	55.8487	1.7184	1.2129	0.7909	0.4590	0.2207
55	21.3312	29.9347	41.2300	56.0534	75.5572	3.2023	2.4113	1.7169	1.1308	0.6636
60	29.1846	40.9602	56.3663	76.5406	103.0561	5.8236	4.6119	3.5058	2.5230	1.6818

$P_0=700\text{mmHg}$

系数 t_1 \ t_2	a					b				
	15	20	25	30	35	15	20	25	30	35
30	0.02083	0.02366	0.02694	—	—	0.03247	−0.1086	−0.2856	—	—
35	0.02403	0.02731	0.03103	0.03540	—	−0.1081	−0.2911	−0.5150	−0.7945	—
40	0.02791	0.03156	0.03582	0.04080	0.04671	−0.2942	−0.5211	−0.8021	−1.1516	−1.5888
45	0.03248	0.03668	0.04157	0.04733	0.05415	−0.5319	−0.8179	−1.1708	−1.6084	−2.1548
50	0.03803	0.04291	0.04860	0.05531	0.06329	−0.8432	−1.2045	−1.6491	−2.1996	−2.8864
55	0.04490	0.05063	0.05734	0.06526	0.07472	−1.2558	−1.7147	−2.2787	−2.9765	−3.8471
60	0.05358	0.06041	0.06844	0.07795	0.08934	−1.8118	−2.4001	−3.1230	−4.0177	−5.1350

系数 t_1 \ t_2	c					$\delta_{\max}$				
	15	20	25	30	35	15	20	25	30	35
30	5.4476	7.1840	9.5612	—	—	0.06348	0.02057	0.00271	—	—
35	6.9337	9.4304	12.7582	17.2223	—	0.1794	0.08572	0.02823	0.00387	—
40	9.0486	12.4588	17.0233	23.0999	31.1781	0.4270	0.2438	0.1151	0.0382	0.00528
45	11.9324	16.6089	22.8191	31.0374	41.9141	0.8922	0.5773	0.3321	0.1581	0.05299
50	15.9399	22.3205	30.7410	41.8337	56.4678	1.7383	1.2273	0.8006	0.4648	0.2236
55	21.5502	30.2521	41.6815	56.6884	76.4452	3.2423	2.4422	1.7396	1.1462	0.6730
60	29.5062	41.4255	57.0271	77.4682	104.3507	5.9029	4.6764	3.5563	2.5605	1.7077

$P_0 = 675\text{mmHg}$

系数 t_1 \ t_2	a					b				
	15	20	25	30	35	15	20	25	30	35
30	0.02171	0.02467	0.02811	—	—	0.02190	-0.1260	-0.3118	—	—
35	0.02506	0.02850	0.03242	0.03702	—	-0.1256	-0.3177	-0.5531	-0.8476	—
40	0.02914	0.03299	0.03747	0.04273	0.04898	-0.3214	-0.5600	-0.8561	-1.2251	-1.6880
45	0.03396	0.03839	0.04356	0.04965	0.05689	-0.5723	-0.8737	-1.2463	-1.7096	-2.2896
50	0.03984	0.04500	0.05103	0.05815	0.06665	-0.9020	-1.2837	-1.7546	-2.3391	-3.0703
55	0.04715	0.05323	0.06036	0.06880	0.07890	-1.3408	-1.8273	-2.4266	-3.1701	-4.1006
60	0.05643	0.06371	0.07227	0.08245	0.09468	-1.9352	-2.5615	-3.3329	-4.2904	-5.4898

系数 t_1 \ t_2	c					δ_{max}				
	15	20	25	30	35	15	20	25	30	35
30	5.6749	7.4944	9.9896	—	—	0.06655	0.02159	0.00285	—	—
35	7.2346	9.8552	13.3542	18.0578	—	0.1885	0.09018	0.02975	0.00408	—
40	9.4598	13.0458	17.8548	24.2712	32.8229	0.4498	0.2572	0.1216	0.04043	0.00560
45	12.5028	17.4316	23.9901	32.6896	44.2343	0.9429	0.6111	0.3521	0.1680	0.05643
50	16.7457	23.4897	32.4077	44.1849	59.7663	1.8442	1.3042	0.8524	0.4959	0.2392
55	22.7136	31.9400	44.0861	60.0759	81.1899	3.4562	2.6080	1.8614	1.2292	0.7236
60	31.2207	43.9094	60.5589	82.4336	111.2929	6.3297	5.0241	3.8289	2.7633	1.8479

$P_0 = 650mmHg$

系数	a					b				
t_1 \ t_2	15	20	25	30	35	15	20	25	30	35
30	0.02206	0.02577	0.02939	—	—	0.01025	-0.1450	-0.3405	—	—
35	0.02619	0.02981	0.03394	0.03880	—	-0.1449	-0.3470	-0.5951	-0.9062	—
40	0.03049	0.03454	0.03928	0.04485	0.05149	-0.3514	-0.6029	-0.9157	-1.3064	-1.7978
45	0.03559	0.04027	0.04575	0.05221	0.05992	-0.6168	-0.9353	-1.3300	-1.8217	-2.4392
50	0.04184	0.04730	0.05370	0.06129	0.07036	-0.9670	-1.3715	-1.8717	-2.4942	-3.2753
55	0.04963	0.05610	0.06370	0.07272	0.08356	-1.4352	-1.9526	-2.5916	-3.3865	-4.3844
60	0.05959	0.06737	0.07654	0.08747	0.10065	-2.0732	-2.7422	-3.5683	-4.5968	-5.8896

系数	c					δ_{imax}				
t_1 \ t_2	15	20	25	30	35	15	20	25	30	35
30	5.9219	7.8326	10.4576	—	—	0.06992	0.02272	0.00300	—	—
35	7.5627	10.3194	14.0073	18.9759	—	0.1985	0.09511	0.03142	0.00432	—
40	9.9095	13.6896	18.7691	25.5625	34.6417	0.4750	0.2720	0.1288	0.04293	0.00596
45	13.1292	18.3373	25.2825	34.5180	46.8096	0.9993	0.6487	0.3745	0.1790	0.06028
50	17.6366	24.7826	34.2553	46.7982	63.4432	1.9627	1.3905	0.9105	0.5309	0.2567
55	24.0037	33.8161	46.7655	63.8606	86.5066	3.6970	2.7951	1.9991	1.3233	0.7811
60	33.1340	46.6878	64.5189	88.0161	119.1212	6.8142	5.4197	4.1398	2.9953	2.0088

$P_0 = 625\text{mmHg}$

系数	a					b				
t_1 \ t_2	15	20	25	30	35	15	20	25	30	35
30	0.02370	0.02697	0.03079	—	—	-0.00262	-0.1660	-0.3722	—	—
35	0.02742	0.03124	0.03560	0.04074	—	-0.1663	-0.3793	-0.6415	-0.9711	—
40	0.03197	0.03625	0.04127	0.04719	0.05425	-0.3846	-0.6504	-0.9817	-1.3966	-1.9199
45	0.03738	0.04234	0.04815	0.05504	0.06328	-0.6663	-1.0037	-1.4229	-1.9466	-2.6063
50	0.04404	0.04984	0.05667	0.06477	0.07450	-1.0394	-1.4694	-2.0024	-2.6676	-3.5051
55	0.05239	0.05928	0.06741	0.07710	0.08877	-1.5408	-2.0929	-2.7765	-3.6295	-4.7042
60	0.06312	0.07145	0.08131	0.09310	0.10737	-2.2283	-2.9456	-3.8339	-4.9432	-6.3427

系数	c					$\delta_{\max}$				
t_1 \ t_2	15	20	25	30	35	15	20	25	30	35
30	6.1913	8.2025	10.9707	—	—	0.07363	0.02396	0.00317	—	—
35	7.9216	10.8288	14.7260	19.9892	—	0.2096	0.1006	0.03329	0.00458	—
40	10.4035	74.3985	19.7789	26.9927	36.6626	0.5031	0.2886	0.1369	0.04572	0.00636
45	13.8200	19.3389	26.7156	36.5513	49.6825	1.0623	0.6908	0.3996	0.1914	0.06463
50	18.6228	26.2191	36.3137	49.7179	67.5643	2.0958	1.4876	0.9762	0.5706	0.2767
55	25.4416	35.9124	49.7672	68.1126	92.4987	3.9698	3.0074	2.1559	1.4307	0.8469
60	35.2812	49.8134	68.9856	94.3308	128.0045	7.3681	5.8731	4.4970	3.2627	2.1949

$P_0 = 600\text{mmHg}$

系数 t_1 \ t_2	a					b				
	15	20	25	30	35	15	20	25	30	35
30	0.02484	0.02829	0.03233	—	—	−0.1691	−0.1894	−0.4074	—	—
35	0.02877	0.03281	0.03743	0.04290	—	−0.1900	−0.4153	−0.6931	−1.0433	—
40	0.03360	0.03814	0.04346	0.04977	0.05732	−0.4216	−0.7033	−1.0552	−1.4972	−2.0566
45	0.03936	0.04463	0.05082	0.05818	0.06701	−0.7214	−1.0801	−1.5268	−2.0865	−2.7938
50	0.04647	0.05267	0.05997	0.06866	0.07913	−1.1203	−1.5790	−2.1490	−2.8626	−3.7642
55	0.05545	0.06284	0.07157	0.08201	0.09463	−1.6595	−2.2508	−2.9851	−3.9043	−5.0666
60	0.06707	0.07604	0.08669	0.09947	0.1150	−2.4038	−3.1760	−4.1353	−5.3374	−6.8600

系数 t_1 \ t_2	c					$\delta_{\max}$				
	15	20	25	30	35	15	20	25	30	35
30	6.4863	8.6088	11.5363	—	—	0.07775	0.02533	0.00336	—	—
35	8.3159	11.3903	15.5205	21.1129	—	0.2219	0.1067	0.03537	0.00488	—
40	10.9483	15.1831	20.8994	28.5849	38.9196	0.5345	0.3071	0.1460	0.04887	0.00682
45	14.5856	20.4521	28.3130	38.8245	52.9051	1.1331	0.7382	0.4279	0.2055	0.06958
50	19.7215	27.8238	38.6195	52.9987	72.2105	2.2464	1.5977	1.0509	0.6158	0.2995
55	27.0532	38.2684	53.1501	72.9192	99.2953	4.2809	3.2501	2.3355	1.5543	0.9229
60	37.7060	53.3523	74.0569	101.5220	138.1555	8.0062	6.3967	4.9107	3.5733	2.4119

$P_0 = 575\text{mmHg}$

系数 t_1\t_2	a					b				
	15	20	25	30	35	15	20	25	30	35
30	0.02609	0.02974	0.03403	—	—	−0.03287	−0.2154	−0.4466	—	—
35	0.03026	0.03454	0.03946	0.04528	—	−0.2164	−0.4554	−0.7508	−1.1241	—
40	0.03539	0.04022	0.04590	0.05264	0.06074	−0.4629	−0.7625	−1.1376	−1.6102	−2.2103
45	0.04155	0.04717	0.05380	0.06170	0.07120	−0.7832	−1.1658	−1.6435	−2.2440	−3.0056
50	0.04919	0.05582	0.05366	0.07302	0.08435	−1.2115	−1.7026	−2.3146	−3.0832	−4.0581
55	0.05888	0.06683	0.07625	0.08755	0.1013	−1.7938	−2.4298	−3.2219	−4.2170	−5.4803
60	0.07152	0.08123	0.09279	0.1067	0.12368	−2.6037	−3.4350	−4.4800	−5.7893	−7.4548

系数 t_1\t_2	c					δ_{max}				
	15	20	25	30	35	15	20	25	30	35
30	6.8106	9.0568	12.1620	—	—	0.08233	0.02687	0.00357	—	—
35	8.7511	12.0120	16.4031	22.3654	—	0.2357	0.1135	0.03771	0.00521	—
40	11.5523	16.0554	22.1495	30.3669	41.4553	0.5698	0.3280	0.1563	0.05243	0.00733
45	15.4383	21.6959	30.1034	41.3809	56.5422	1.2131	0.7920	0.4601	0.2216	0.07524
50	20.9522	29.6269	41.2184	56.7083	77.4829	2.4179	1.7234	1.1364	0.6678	0.3258
55	28.8709	40.9331	56.9879	78.3897	107.0586	4.6382	3.5296	2.5431	1.6974	1.0114
60	40.4633	57.3876	79.8565	109.7729	149.8454	8.7473	7.0065	5.3941	3.9375	2.6672

续表

$P_0 = 550mmHg$

系数		a					b			
t_1 \ t_2		15	20	25	30	35	15	20	25	30	35
30		0.02747	0.03135	0.03591	—	—	−0.05078	−0.2446	−0.4906	—	—
35		0.03191	0.03646	0.04171	0.04795	—	−0.2461	−0.5004	−0.8156	−1.2151	—
40		0.03739	0.04254	0.04862	0.05585	0.06459	−0.5093	−0.8290	−1.2305	−1.7578	−2.3844
45		0.04399	0.05001	0.05713	0.06563	0.07592	−0.8528	−1.2626	−1.7756	−2.4225	−3.2464
50		0.05223	0.05936	0.06781	0.07795	0.09026	−1.3147	−1.8427	−2.5027	−3.3346	−4.3941
55		0.06276	0.07134	0.08155	0.09384	0.1088	−1.9467	−2.6339	−3.4927	−4.5756	−5.9562
60		0.07659	0.08714	0.09975	0.1150	0.1337	−2.8331	−3.7414	−4.8773	−6.3117	−8.1447

系数		c					δ_{max}			
t_1 \ t_2		15	20	25	30	35	15	20	25	30	35
30		7.1689	9.5536	12.8582	—	—	0.08747	0.02860	0.00381	—	—
35		9.2338	12.7041	17.3891	23.7697	—	0.2512	0.1212	0.04035	0.00359	—
40		12.2255	17.0310	23.5523	32.3738	44.3217	0.6097	0.3517	0.1680	0.05649	0.00793
45		16.3938	23.0941	32.1227	44.2743	60.6747	1.3042	0.8533	0.4970	0.2400	0.08176
50		22.3397	31.6660	44.1670	60.9319	83.5091	2.6146	1.8680	1.2350	0.7279	0.3563
55		30.9350	43.9686	61.3735	84.6628	115.9958	5.0520	3.8543	2.7850	1.8648	1.1152
60		43.6227	62.0252	86.5431	119.3191	163.4238	9.6162	7.7235	5.9643	4.3687	2.9709

参考文献资料

［1］《给水排水设计手册》编写组．水质处理与循环水冷却（5）．1973．

［2］中小型冷却塔通用设计编制组，中小型冷却塔设计与计算．1965．

［3］中小型冷却塔试验研究组．冷却塔试验报告汇编．1980．

［4］中国建筑科学研究院建筑标准设计研究所．工业冷却塔测试方法．1979．

［5］西安地区冷却塔联合试验组．冷却塔新型淋水装置试验研究报告．1973．

［6］中小型冷却塔试验研究组．逆流式冷却塔热力计算探讨．1978．

［7］上海工业建筑设计院等．逆流式冷却塔塔型试验研究报告．1980．